班组班前安全生产培训教材

讲案例学安全·煤矿

黄志安
张英华 编著

中国劳动社会保障出版社

图书在版编目(CIP)数据

讲案例学安全·煤矿/黄志安，张英华编著. —北京：中国劳动社会保障出版社，2010

班组班前安全生产培训教材

ISBN 978-7-5045-8324-6

Ⅰ.讲… Ⅱ.①黄…②张… Ⅲ.煤矿-矿山安全-安全管理-技术培训-教材 Ⅳ.X93

中国版本图书馆 CIP 数据核字(2010)第 063500 号

中国劳动社会保障出版社出版发行

(北京市惠新东街 1 号 邮政编码：100029)

出 版 人：张梦欣

*

北京金明盛印刷有限公司印刷装订 新华书店经销

787 毫米×1092 毫米 32 开本 8.75 印张 171 千字

2010 年 4 月第 1 版 2010 年 4 月第 1 次印刷

定价：26.00 元

读者服务部电话：010 - 64929211

发行部电话：010 - 64927085

出版社网址：http：//www.class.com.cn

编委会名单

前　言

班组是企业生产最基本的劳动组合，是企业安全工作的落脚点。企业要实现长期稳定的安全生产，必须从班组安全管理和班组作业人员的基本安全素质抓起。通俗地讲，班组安全工作做好了，企业的安全工作一定会成效显著；班组安全生产事故率下降了，必然会带动企业整体安全事故率的下降。

开展班前安全教育学习活动，是班组执行班前会安全生产制度的一项重要内容，也是杜绝“三违”现象，消除事故隐患，减少事故发生的一种积极、行之有效的管理措施。为了避免班组班前会制度流于形式、走过场，我们在充分了解班组安全教育的要求和特点、企业一线从业人员的阅读习惯和认知规律的基础上，特组织编写了这套“班组班前安全生产培训教材”，希望能对班组的安全教育活动起到一定的指导和帮助作用。本套丛书包括《讲案例学安全·交通》《讲案例学安全·煤矿》《讲案例学安全·冶金》《讲案例学安全·电力》《讲案例学安全·化工》《讲案例学安全·建筑》《讲案例学安全·机械》7种书。

本套丛书有以下特点：

1. 学习内容合理分布，适合班组班前会制度培训。考虑到班组培训教育的特点，此套丛书将培训内容进行合理分割，按班组每次班前会一个主题的进度安排内容，每一个主题相对完整，主题之间相对独立，篇幅适当，内容精练，重点突出。

2. 案例警示与知识学习相结合。每一主题都是以一个典型的案例作为导引，引出所需要掌握的“法规标准”“知识与技能”“管理经验”等学习内容。这种新颖的编排形式，不仅可以让从业人员能更直观地与生产实际相联系，通过对案例的讨论与分析，牢固树立起“安全第一”的意识，举一反三，吸取教训；而且能更有针对性地了解相应的法规标准，掌握岗位安全操作技能，及时查找和消除事故隐患，有效地提高安全基本素质，起到事故预防的作用。

编者

2010年2月

内容简介

本书是《讲案例学安全》丛书的一个分册。

本书根据煤矿生产的特点，结合煤矿各类生产安全事故的典型案例，在进行事故分析的基础上，全面地介绍了与煤矿生产相关的法律法规、知识与技能和管理经验。本书共分瓦斯事故案例、煤尘爆炸事故案例、水灾事故案例、煤与瓦斯突出事故案例和冒顶及其他事故案例五个部分。

本书叙述简明扼要，内容通俗易懂。本书可作为煤矿企业班组的工作参考书和岗位培训用书，也可作为煤矿班组安全教育的知识读本。

本书由黄志安、张英华主编，宫建华、姚海飞副主编，付光华、高玉坤、丁光华、张晓波、陈升国参与编写。

目　录

1. 瓦斯事故案例 …………………………………… (1)
通风管理混乱引起瓦斯爆炸……………………… (1)
《煤矿安全规程》中关于打钻及使用局部通风机的有关规定…………………………………… (2)
矿井的通风网路……………………………………… (3)
局部通风停电停风的防治对策…………………… (3)
矿山通风管理制度………………………………… (5)
掘进面贯通后通风不善导致瓦斯爆炸………………… (6)
《煤矿安全规程》中关于贯通行道的有关规定 … (7)
矿井通风设施……………………………………… (8)
煤矿须健全企业安全管理制度…………………… (10)
井下电缆管理不善导致瓦斯爆炸…………………… (11)
《煤矿安全规程》中关于电缆连接的有关规定 … (11)
三专两闭锁………………………………………… (12)
井下电气设备产生失爆的原因…………………… (13)
加强“三专两闭锁”和电气线路的安全检查…… (13)

由于未正确使用发爆器引发瓦斯爆炸事故…………（14）
《煤矿安全规程》中关于爆破的有关规定 ………（15）
瓦斯爆炸及其危害……………………………………（16）
起爆器使用注意事项…………………………………（16）
由供电网保护不善引发的瓦斯事故…………………（17）
《煤矿安全规程》中关于电源线路的有关规定 …（18）
影响矿井瓦斯涌出量的因素…………………………（19）
煤矿供电保护…………………………………………（20）
隔爆型电气设备的检查………………………………（21）
《煤矿安全规程》关于井下安全供电的规定 ……（23）
煤矿供电系统继电保护的管理………………………（23）
由于瓦斯检查不善导致瓦斯爆炸事故………………（25）
《煤矿安全规程》中关于瓦斯检查制度的有关
规定……………………………………………………（26）
瓦斯爆炸的必备条件和影响因素……………………（27）
需要检测瓦斯的地点…………………………………（28）
瓦斯员考核制度………………………………………（29）
由盲巷的密闭管理不善导致的瓦斯爆炸事故………（29）
《煤矿安全规程》中关于巷道防突措施的有关
规定……………………………………………………（30）
启开密闭盲巷注意事项………………………………（31）

瓦斯的涌出形式……………………………………（31）
瓦斯喷出的分类及“探、排、引、堵”预防措施……………………………………（32）
盲巷管理制度……………………………………（33）
测风制度不严引发瓦斯爆炸事故……………………（34）
《煤矿安全规程》中关于测风制度的有关规定…（35）
煤矿井巷测风新方法……………………………（36）
冲击地压的分类与防治方法……………………（37）
专职安全管理队伍的建设………………………（38）
同一工作面使用两个放炮器引发的瓦斯爆炸事故……………………………………（39）
《煤矿安全规程》中关于发爆器使用的有关规定……………………………………（40）
使用发爆器，放炮母线、警戒距离的规定………（40）
爆破作业安全管理制度…………………………（41）
防爆设备检查力度不够引发的瓦斯事故…………（42）
《煤矿安全规程》中关于防爆设备检查的有关规定……………………………………（43）
电气设备和电缆的检查规定表…………………（44）
放炮检查制度不严引发瓦斯爆炸…………………（44）
《煤矿安全规程》中关于装药的有关规定 ………（46）

正、反起爆概念及特点………………………………（46）
装药前要清扫炮眼，并使药卷彼此密接…………（47）
装药时要用炮棍将药卷轻轻推入而不能捣实
药卷…………………………………………………（47）
通风系统不完善导致瓦斯爆炸事故………………（48）
《煤矿安全规程》中关于通风系统的有关规定 …（49）
矿井通风系统………………………………………（49）
机电工带电作业引发瓦斯爆炸事故………………（50）
《煤矿安全规程》中关于停风机听风后恢复通风
的有关规定…………………………………………（51）
员工安全意识淡薄引发的瓦斯爆炸事故…………（52）
《煤矿安全规程》中关于主要通风机安装和使用
的有关规定…………………………………………（54）
职工安全意识淡薄的客观因素……………………（55）
安全生产教育培训制度……………………………（56）
风筒漏风检测不力导致瓦斯爆炸事故……………（57）
风筒…………………………………………………（58）
风筒的选用…………………………………………（58）
工作面有效风量不足导致煤矿瓦斯爆炸…………（59）
《煤矿安全规程》中关于瓦斯矿井中使用机车
运输的有关规定……………………………………（60）

矿井有效风量率……………………………………（61）
串联通风的危害……………………………………（61）
井下违章修理矿灯导致瓦斯爆炸…………………（62）
矿灯应用管理制度…………………………………（63）
矿用设备、器材使用管理制度……………………（64）
降尘技术不完善导致煤尘爆炸事故………………（65）
《煤矿安全规程》中关于入井人员的有关规定 …（67）
煤尘爆炸的主要特性………………………………（67）
日监测、周报告、月分析制度……………………（68）
矿井粉尘预防制度…………………………………（69）
非法开采、强行作业导致瓦斯煤尘爆炸事故………（69）
《煤炭法》中关于从事煤炭生产的有关规定 ……（71）
矿井瓦斯等级的划分………………………………（71）
矿山企业“五证七图”……………………………（71）
严格执行矿井安全制度……………………………（72）
掘进面防止瓦斯积聚措施不严引发瓦斯爆炸………（72）
掘进工作面瓦斯积聚原因与解决方法……………（73）
防止瓦斯积聚的措施………………………………（74）
矿井瓦斯预防制度…………………………………（75）
煤矿未按照规程实施爆破导致瓦斯爆炸……………（77）
《煤矿安全规程》中关于炮眼深度和炮眼的封泥

长度的有关规定……………………………………（78）
放炮事故的四种主要类型…………………………（79）
爆破器材使用管理制度……………………………（79）
煤矿排放瓦斯能力不足导致瓦斯爆炸………………（80）
《安全生产法》中关于生产经营单位责任的有关
规定………………………………………………（81）
局扇排放瓦斯方法…………………………………（82）
预防事故的发生的基本原则………………………（83）
井下爆破母线乱接导致瓦斯爆炸……………………（83）
《煤矿安全规程》中关于爆破母线和连接线的
有关规定…………………………………………（85）
爆破母线及其使用注意事项………………………（85）
井下漏电导致瓦斯爆炸………………………………（86）
何为“鸡爪子”“羊尾巴”“明接头”……………（87）
井下供电系统发生漏电原因………………………（87）
预防漏电触电措施…………………………………（90）
消防洒水系统不合格导致瓦斯煤尘爆炸……………（91）
《煤矿安全规程》中关于煤矿健全消防系统的
规定………………………………………………（92）
井下消防、洒水系统………………………………（93）
井下消防洒水自动化要求…………………………（94）

瓦斯抽放不及时引发爆炸事故…………………………（95）
《煤矿安全规程》中关于局部通风机使用和通风
的有关规定…………………………………………（96）
影响瓦斯抽放的因素…………………………………（96）
提高矿井瓦斯抽放率的途径…………………………（98）
爆破作业安全管理不严引发瓦斯爆炸………………（99）
《煤矿安全规程》关于反向起爆的有关规定 ……（100）
煤矿井下爆破作业中不安全因素……………………（101）
煤矿井下爆破作业中不安全因素的消除……………（103）
瓦斯爆炸防治措施不严导致瓦斯爆炸………………（104）
瓦斯爆炸的防治………………………………………（106）
瓦斯爆炸现场救护知识………………………………（108）
顶板来压期间采空区瓦斯防治措施不当导致爆炸
事故…………………………………………………（108）
顶板来压期间采空区瓦斯的防治措施………………（109）
机电管理制度混乱导致瓦斯爆炸事故………………（110）
《煤矿安全规程》中关于井下带电检修、搬迁电气
设备有关规定………………………………………（112）
井下电气设备安全事故的预防措施…………………（113）
电气事故的预防………………………………………（114）
触电人员的抢救………………………………………（115）

瓦斯突出引发瓦斯爆炸…………………………………………(116)
关于突出煤层和突出矿井鉴定的规定………………(117)
通风管理不严导致瓦斯中毒事故………………………(118)
矿井必须采用机械通风……………………………………(119)
对中毒或窒息人员的急救…………………………………(119)
人工呼吸……………………………………………………………(120)
2. 煤尘爆炸事故案例 …………………………………………(123)
矿井通风系统不完善导致煤尘爆炸事故……………(123)
《煤矿安全规程》中关于局部通风机供电有关
规定……………………………………………………………(124)
煤尘发生爆炸应具备的条件……………………………(125)
煤尘爆炸的主要特征………………………………………(126)
井下爆破材料管理不严导致瓦斯煤尘爆炸事故……(127)
《安全生产法》中关于生产经营单位职责的
规定……………………………………………………………(128)
电雷管存放原则………………………………………………(129)
爆破器材储存与管理制度…………………………………(129)
救护队处理煤尘爆炸事故的行动原则………………(130)
井下放炮未用水炮泥导致煤尘爆炸事故发生………(132)
《煤矿安全规程》中关于炮眼封泥的有关规定 …(133)
装填炮泥……………………………………………………………(133)

矿山放炮员安全管理制度…………………………（133）
预防和隔绝煤尘爆炸的措施……………………（136）
吸烟引发煤尘爆炸………………………………（136）
《煤矿安全规程》中关于职工安全培训的有关
规定……………………………………………（137）
科学设置安全教育培训内容……………………（138）
有效开展安全教育培训方式……………………（138）
爆破炮眼深度和封泥长度不合适造成爆炸事故……（139）
掏槽眼的药量要求………………………………（141）
炮眼深度小于0.6 m时的安全措施 ……………（141）
煤矿电缆保护工作不合格导致瓦斯煤尘爆炸………（142）
《煤矿安全规程》中关于煤矿电缆保护检查的
有关规定………………………………………（144）
巷道管线与运输设备之间的安全距离……………（144）
电缆悬挂要求……………………………………（145）
电缆保护及停电后恢复送电的要求………………（145）
未按规定实施防尘措施导致煤尘爆炸……………（146）
矿尘的产生与危害………………………………（147）
强化对防尘防火工作的监管……………………（148）
煤矿电工带电检修电气设备导致瓦斯煤尘爆炸事故
………………………………………………（149）

《煤矿安全规程》中关于停止主要通风机运转的有关规定………………………………………… (150)
检修、搬迁电气设备和电缆时的安全注意事项………………………………………………………… (150)
洒水灭尘系统不完善致使发生煤尘爆炸事故……… (151)
《煤矿安全规程》中关于建立完善的防尘供水系统的有关规定……………………………………… (152)
洒水灭尘工安全作业规程…………………………… (153)
回采面无风道开采引发煤尘爆炸，救援不当导致伤亡过大……………………………………………… (154)
回采工作面…………………………………………… (155)
矿山救护队员的进入灾区人数、携带装备的规定………………………………………………………… (155)
矿山救护队在窒息区内的行动原则………………… (156)
3. 水灾事故案例 ……………………………………… (157)
越界开采导致透水事故……………………………… (157)
《煤矿安全规程》中关于防水煤柱的有关规定 … (158)
安全生产的“三违” ……………………………… (158)
对溺水者的急救……………………………………… (159)
加强管理，杜绝“三违” ………………………… (160)
采掘计划不合理导致透水事故……………………… (161)

《煤矿安全规程》中关于做好采区水文地质探查工作的有关规定……………………………（162）
编制采掘计划的步骤和方法…………………………（162）
矿山采掘计划编制原则……………………………（164）
矿井发生水灾原因…………………………………（165）
越界进入季节性河槽下开采导致透水事故…………（166）
《煤矿安全规程》中关于防治水计划的有关规定……………………………………………………（167）
透水…………………………………………………（168）
井下主要排水设备的安全要求………………………（168）
对井下主要泵房和主要水仓的安全要求……………（169）
加大监督，落实防治水工作…………………………（169）
破坏防水煤柱导致透水事故…………………………（170）
《煤矿安全规程》中关于采掘工作面发现突水预兆时停止作业的有关规定……………………（171）
防水煤柱的类型和留设原则…………………………（171）
未掌握井巷工程平面图开采防水煤柱导致透水事故……………………………………………………（174）
《煤矿安全规程》中关于编制采区设计的有关规定……………………………………………（175）
煤矿必须填绘的图纸………………………………（175）

掌握矿井地质条件，提高员工素质…………………（177）
探放水措施不当导致透水事故…………………………（177）
《煤矿安全规程》中关于探放水措施的有关规定
……………………………………………………（179）
探放水的目的和原则…………………………………（179）
探放老空水的工程设计内容和探放原则……………（180）
防治水措施无效导致透水事故…………………………（182）
矿井水灾的预测和突水预兆……………………………（183）
矿井透水事故的抢救处理………………………………（185）
无防治水措施导致透水事故……………………………（186）
《煤矿安全规程》中关于防治水措施的有关规定
……………………………………………………（187）
水灾事故抢救过程中的注意事项……………………（188）
加强防治工作，落实有效方案…………………………（189）
水文资料不清、排水措施不力导致透水事故………（189）
《煤矿安全规程》中关于建立地下水动态观测
系统的有关规定……………………………………（191）
矿井水文地质资料和地下水……………………………（191）
4. 煤与瓦斯突出事故案例 ……………………………（192）
认识不清、未采取防突措施导致煤与瓦斯突出……（192）
《煤矿安全规程》中关于建立区域性防治突出措施

的有关规定……………………………………………………（193）
煤与瓦斯突出的一般规律……………………………………（194）
认真制定和执行安全技术措施………………………………（195）
矿山压力及人为活动诱导导致煤与瓦斯突出………（195）
矿山压力影响因素…………………………………………（197）
矿山压力变化引起瓦斯涌出规律…………………………（199）
未执行防突措施导致煤与瓦斯突出事故……………（200）
《煤矿安全规程》中关于石门揭穿突出煤层的有关
规定……………………………………………………………（202）
区域和局部综合防突措施…………………………………（202）
未采取防突措施导致煤与瓦斯突出事故……………（203）
《煤矿安全规程》中关于检查瓦斯和采取安全防护
措施的有关规定………………………………………………（205）
煤与瓦斯突出的概念和基本特征…………………………（206）
煤与瓦斯突出主要影响因素………………………………（206）
煤与瓦斯突出的预兆…………………………………………（207）
防突措施不到位导致煤与瓦斯突出事故……………（208）
《煤矿安全规程》中关于开采突出厚煤层的有关
规定……………………………………………………………（209）
综合防突措施的四个环节——四位一体………………（210）
按要求完善与实施防突措施………………………………（211）

未开采保护层导致煤与瓦斯突出事故…………………(212)
《煤矿安全规程》中关于串联通风的有关规定 …(213)
开采保护层防突的要求………………………………(214)
瓦斯突出并逆流导致瓦斯爆炸事故…………………(215)
《煤矿安全规程》中关于企业健全各种制度的有关
规定………………………………………………(216)
瓦斯逆流……………………………………………(216)
巷道布置不合理导致煤与瓦斯突出事故……………(217)
《煤矿安全规程》中关于制订防治突出措施计划的
有关规定…………………………………………(219)
突出矿井的巷道布置要求和原则……………………(219)
综合防突措施不力导致煤与瓦斯突出………………(220)
《煤矿安全规程》中关于突出危险的新建矿井建立
防突措施的有关规定……………………………(220)
防治煤与瓦斯突出措施………………………………(221)
井下防突措施不力导致煤与二氧化碳突出事故……(222)
《煤矿安全规程》中关于回风和开采有瓦斯喷出的
煤层的有关规定…………………………………(224)
煤和二氧化碳突出预兆………………………………(225)
完善防突管理…………………………………………(225)

5. 冒顶及其他事故案例 ……………………………… (227)
冒顶引发瓦斯爆炸事故…………………………………… (227)
切眼和开切眼…………………………………………… (229)
冒顶事故发生的原因…………………………………… (229)
采煤工作面顶板事故防治……………………………… (229)
顶板冒落空洞积聚瓦斯的处理………………………… (232)
巷道未及时维修导致冒顶事故…………………………… (232)
巷道维修管理措施……………………………………… (234)
巷道冒顶事故防治……………………………………… (235)
发生冒顶事故时矿工现场急救措施不当导致伤亡
事故…………………………………………………… (236)
《安全生产法》中关于生产经营单位对职工培训
有关规定……………………………………………… (237)
顶板事故性质…………………………………………… (238)
冒顶事故时的自救与互救及现场急救………………… (238)
开采断层保护煤柱导致局部冒顶事故…………………… (241)
影响保护煤柱尺寸留设的因素………………………… (242)
采场局部冒顶的原因、预兆及防治…………………… (243)
把钩工、信号工违反煤矿安全规程导致罐笼坠井
事故…………………………………………………… (244)
把钩工操作规程………………………………………… (245)

信号工安全操作规程……………………………（247）
运输开关失效导致断绳跑车事故……………………（248）
斜巷运输信号…………………………………………（250）
违章跨越刮板输送机导致受伤事故…………………（251）
刮板输送机操作规程……………………………………（252）

1. 瓦斯事故案例

案例精选

通风管理混乱引起瓦斯爆炸

2007 年 4 月 16 日 17 时 53 分，河南省某煤矿因为通风管理混乱，局部通风机停风，造成工作面瓦斯积聚，并达到爆炸浓度，操作人员违章放炮引起瓦斯爆炸，从而发生特别重大瓦斯爆炸事故，井下死亡 31 人、伤 9 人，救护队在抢救过程中发生二次爆炸，造成 15 名救护队员受伤，直接经济损失 1 088 万元。

事故分析

这起事故的直接原因是该煤矿通风管理混乱，主井区域内东三平巷与二下山交叉口处由于冒顶，局部通风机停机。停风 1 个月的东三平巷积聚的瓦斯向外溢出，使冒顶区域瓦斯积聚并达到爆炸浓度；操作人员在处理冒顶时违章放明炮引起瓦斯爆炸，煤尘参与了爆炸。

法规标准

《煤矿安全规程》中关于打钻及使用局部通风机的有关规定

《煤矿安全规程》第一百三十八条：“采掘工作面及其他作业地点风流中瓦斯浓度达到1.0%时，必须停止用电钻打眼；爆破地点附近20 m以内风流中瓦斯浓度达到1.0%时，严禁爆破。

采掘工作面及其他作业地点风流中、电动机或其开关安设地点附近20 m以内风流中的瓦斯浓度达到1.5%时，必须停止工作，切断电源，撤出人员，进行处理。

采掘工作面及其他巷道内，体积大于0.5 m^3的空间内积聚的瓦斯浓度达到2.0%时，附近20 m内必须停止工作，撤出人员，切断电源，进行处理。

对因瓦斯浓度超过规定被切断电源的电气设备，必须在瓦斯浓度降到1.0%以下时，方可通电开动。”

第一百二十九条：“使用局部通风机通风的掘进工作面，不得停风；因检修、停电、故障等原因停风时，必须将人员全部撤至全风压进风流处，并切断电源。

恢复通风前，必须由专职瓦斯检查员检查瓦斯，只有在局部通风机及其开关附近10 m以内风流中的瓦斯浓度都不超过0.5%时，方可由指定人员开启局部通风机。”

知识与技能

矿井的通风网路

矿井中常用串联、并联和角联三种基本连接形式，构成复杂的通风网路。

（1）串联，数条风路首尾相连，无分支风路；

（2）并联，数条风路，有共同的分、合节点，中间无交叉风路；

（3）角联，并联风路中间有若干联络风路（对角风路）。

并联网路的优点是总风阻小，各分支风路独立，风量易调节，通风效果好。角联网路形式中的对角风路风流不稳定，不易控制。在实际工作中，应尽量采用并联网路。通风网路中各风路的风量，依风量、风压平衡定律和阻力定律而自然分配。这些风流运动基本定律是解算通风网路和调节风量的理论依据。

局部通风停电停风的防治对策

1. 加强各项安全措施的贯彻落实

对井下供电设备进行检修、试验、检查和调整，属于有计划性的停电停风，因此，必须制订停电撤人措施、恢复送风的排放瓦斯措施，由值班矿长统一安排，撤出作业人员，抓好管理制度和各项安全措施的贯彻落实。

2. 加强局部通风管理，搞好局部通风质量

局扇设备要齐全，吸风口有风罩和整流器；通风机必须垫高上架，离地面高度大于 0.3 m；风筒接头严密，无破

口，无反接头，软风筒接头要反压边，硬质风筒接头要加垫，上紧螺钉；风筒吊挂平直，逢环必挂，铁风筒每节至少吊挂两点；风筒拐弯处要设弯头或缓慢拐弯，不准拐死弯，异径风筒接头要有过渡节，先大后小，不准花接；选用新型抗静电、抗外力、高强度阻燃风筒。

敷设风筒的巷道，必须按作业规程要求施工，巷道断面施工质量必须符合规定，保证风筒的吊挂高度和运输物料间的距离。局扇安装位置合理，避开淋水点，潮湿巷道中使用的局扇等设备要采用防潮防水措施。

3. 加强管理，防止设备故障引起的无计划停电停风

（1）搞好风机专线供电三大保护的整定、校验工作，敷设好风机专线的供电电缆（特别是溜放煤、矸、材料的溜道中严禁敷设电缆）。

（2）把好设备、配件质量关，落实好设备的维护考核制度，发现问题要查明原因，及时处理，确保局扇设备能连续可靠运转。

（3）提高局扇、开关等设备修理质量，保证维修质量达到《煤矿机电设备检修质量标准》要求。

4. 针对违章作业引起停电停风的对策

（1）加强安全知识培训，提高职工安全素质，发挥安全员、网员、安全监察员的作用，加强现场安全监管力度，发扬“三铁”精神，狠反“三违”，杜绝“三违”现象。

（2）改善作业环境，作业地点采取喷雾洒水降温防尘措施，减少作业人员的违章动机。

（3）放炮施工的掘进头，特别是开拓岩巷头，距离放炮

点较近的风筒采用铁皮风筒，防止爆破时砸坏风筒。

（4）从根本上杜绝作业人员停风机放炮现象。

（5）在突出煤层中掘进，禁止采用风动工具作业。

（6）采用厌氧胶增强工艺修补风筒，调整风筒和处理脱节，不允许停用局扇。

管理经验

矿山通风管理制度

（1）通风管理工作由专职通风工负责，由矿山技术负责人、井长、矿长监督，安全员、电工依据井下用风需求提出建议，由技术负责人组织地下矿井风量调节分配，保障井下各用风点供风质量。

（2）通风工负责对矿井的风门、风帘、风障等通风构筑物的设计、组织安装及日常管理，保证构筑物的质量达到规程要求。

（3）矿井停工需停主扇风机，通风工应报经矿长批准。

（4）局部扇风机应做到安装上架、避开水淋、不影响运输，并距回风口 10 m 以上距离的安全地点安装，作业面停工不停风，确认安全工作面的通风。

（5）通风导风筒由通风工负责管理，风筒吊挂做到平、直、稳，接口不漏风，导风筒出风口距迎头距离达到规定。

（6）废弃巷道和采空区要进行永久密闭管理，暂停不用超过 6 m 的盲巷要设立栅栏，密闭和栅栏由通风工负责安全，由安全员负责并挂牌警示。

（7）通风要按规程要求定期测风，各通风点供风量在技术负责人的指导下合理分配。

（8）通风设备的购置或维修，报经矿长批准后组织落实。

案例精选

掘进面贯通后通风不善导致瓦斯爆炸

某煤矿经瓦斯等级鉴定为低瓦斯矿井。矿井通风方式为分区抽出式，矿井需要总风量 4 700 m^3/min，总入风量 5 089 m^3/min，总排风量 5 172 m^3/min。在采掘过程中两工作面贯通后，因为安全管理松散，安全责任制不落实，造成回风上山通风设施不可靠，严重漏风，导致工作面处于微风状态，造成瓦斯积聚；作业人员违章试验放炮器打火引起瓦斯爆炸。此特大瓦斯爆炸事故造成14人死亡。

事故分析

事故直接原因：两掘进工作面贯通后，回风上山通风设施不可靠，严重漏风，导致工作面处于微风状态，造成瓦斯积聚；作业人员违章实验放炮器打火引起瓦斯爆炸。事故的间接原因：①安全管理松散，安全责任制不落实。两掘进工作面贯通后，矿各级领导没有按照《煤矿安全规程》规定对巷道贯通和贯通后通风系统调整实施现场指挥。风门没有专人管理，致使风门打开，风流短路，造成准备采煤工作面微风，导致瓦斯积聚。②瓦斯检查制度不健全，瓦斯检测员漏岗、漏检。没有制定瓦斯检测员交接制度，没有按规定检查瓦斯，漏检、假检时有发生。在没有对工作面进行瓦斯检查的情况下，违章指挥工人进入工作面作业。③“一通三防”管理工作混乱。瓦斯检测员未经矿务局培训就上岗作业；瓦斯日报无人检查和查看，记录混乱；通风调度水平低下，不能协调指挥生产。④技术管理不到位。巷道贯通和通风系统调整计划与安全措施等，矿总工程师未按规程规定组织有关人员进行审批，导致作业规程编制内容不全，无针对性的安全措施和明确的责任制，无法指挥生产。⑤安全投入不足。全矿共有9个作业地点，仅有14台便携式报警仪使用，全矿无瓦斯报警矿灯，二道防线不健全。

法规标准

《煤矿安全规程》中关于贯通行道的有关规定

《煤矿安全规程》第一百零八条：“贯通巷道必须遵守下列规定：

（一）掘进巷道贯通前，综合机械化掘进巷道在相距50 m前、其他巷道在相距20 m前，必须停止一个工作面作业，做好调整通风系统的准备工作。

（二）贯通时，必须由专人在现场统一指挥，停掘的工作面必须保持正常通风，设置栅栏及警标，经常检查风筒的完好状况和工作面及其回风流中的瓦斯浓度，瓦斯浓度超限时，必须立即处理。掘进的工作面每次爆破前，必须派专人和瓦斯检查员共同到停掘的工作面检查工作面及其回风流中的瓦斯浓度，瓦斯浓度超限时，必须先停止在掘工作面的工作，然后处理瓦斯，只有在2个工作面及其回风流中的瓦斯浓度都在1.0%以下时，掘进的工作面方可爆破。每次爆破前，2个工作面入口必须有专人警戒。

（三）贯通后，必须停止采区内的一切工作，立即调整通风系统，风流稳定后，方可恢复工作。

间距小于20 m的平行巷道的联络巷贯通，必须遵守上款各项规定。”

知识与技能

矿井通风设施

为了使井下风流沿指定路线流动分配，就必须在某些巷道内建筑引导控制风流的构筑物，即通风设施，它分为引导风流和隔断风流的设施。

1. 引导风流的设施

（1）风硐。风硐是连接扇风机装置和风井的一段巷道。

风硐多用混凝土、砖石等建材构筑成圆形或矩形巷道，这是由风硐的特点所决定的。

（2）风桥。风桥是将两股平面交叉的新、乏风流隔成立体交叉的通风设施。

根据结构特点不同风桥可分为三种：

1）绕道式风桥；2）混凝土风桥；3）铁筒风桥。

（3）风窗（卡）。风窗是在巷道内设在墙或门上的可调空间窗口，通过调节空间窗口面积从而达到调节风量的目的。

（4）风障。在巷道内利用木板、苇席、风筒布做成障碍起到引导风流的作用。常用此方法处理高冒处、落山角等处的瓦斯积聚。

（5）风筒。在巷道中利用正压或负压通风动力通过管道把指定的风量送到目的地，这个管道就叫风筒。

2. 隔断风流设施

（1）防爆门（帽）。防爆门装在扇风机筒，为防止井下发生煤尘、瓦斯爆炸时产生的冲击波毁坏扇风机的安全设施。当井下发生煤尘、瓦斯爆炸时，防爆门能被气浪冲开，爆炸波直接冲入大气，从而起到保护扇风机的作用。

（2）挡风墙。在不允许风流通过，也不允许行车行人的井巷，如采空区、旧巷、火区以及进风与回风大巷之间的联络小眼都必须设置挡风墙，将风流截断。以免造成漏风，风流形成短路使通风系统失去合理稳定性而发生事故。

挡风墙分为：临时挡风墙、永久挡风墙。

1）临时挡风墙。一般是在立柱上钉木板，木板上抹黄泥建成临时挡风墙。

使用条件：服务年限不长，巷道围岩压力小，漏风率要求不不严时使用。

2）永久挡风墙。一般使用料石、砖土、水泥、混凝土建筑。

使用条件：服务年限长，巷道围岩压力大，漏风率要求高时使用。

（3）风门。在不允许风流通过，但需行人或行车的巷道内，必须设置风门。

风门按结构分为普通风门和自动风门。

3. 通风设施管理规定

（1）通风部门做好系统的调整，尽量减少风卡以自然分配风量为主。

(2) 爱护通风设施必须做到：风门严禁同时打开，不许用车撞风门，风门损坏及时汇报通风调度。如果影响系统风量，受影响区域应停电、撤人修复后再生产，安监调度组织分析处理。

(3) 通风设施由通风部门管理，其他单位无权移动或拆除。如需要拆除、移动需要提前和通风部门联系。

(4) 严禁跨入栏杆，严禁拆除栏杆、闭墙、风卡等通风设施。

管理经验

煤矿须健全企业安全管理制度

(1) 对通风系统须定期进行调整，待系统稳定后，组织测风员和瓦斯检测员进行风量测定和瓦斯浓度测定。风量和瓦斯浓度均符合《煤矿安全规程》后，方可进行生产。

(2) 加强瓦斯管理，健全瓦斯管理制度。

(3) 要加强重点瓦斯工作面管理工作。

(4) 要加强对采掘工作面的瓦斯鉴定工作。

(5) 要增加矿井安全投入，健全瓦斯检测的“二道防线”，确保安全生产。

(6) 加强安全技术培训工作。

(8) 加强矿井通风技术力量。

(9) 合理组织生产，杜绝违章指挥现象。

案例精选

井下电缆管理不善导致瓦斯爆炸

2006年11月5日11时38分，某煤矿发生一起特别重大瓦斯爆炸事故，造成47人死亡、2人受伤，直接经济损失1 213.03万元。该煤矿成立于1954年，是国有重点煤矿，属高瓦斯矿井。该矿证照齐全有效。在采煤过程中，由于停风制度不完善，局部无计划停风造成瓦斯积聚，违章送风，导致距巷口630 m处动力电缆两通接线盒失爆产生火花，导致瓦斯爆炸。

事故分析

事故的直接原因：进风掘进巷局部通风机无计划停电停风造成瓦斯积聚，并达到爆炸界限；由于瓦斯—电不闭锁，在未采取排放瓦斯措施的情况下违章送电、送风；距巷口630 m处的动力电缆两通接线盒失爆产生火花，引爆瓦斯。

法规标准

《煤矿安全规程》中关于电缆连接的有关规定

《煤矿安全规程》第四百七十二条："电缆的连接应符合下列要求：

（一）电缆与电气设备的连接，必须用与电气设备性能相符的接线盒。电缆线芯必须使用齿形压线板（卡爪）或线鼻子与电气设备进行连接。

（二）不同型电缆之间严禁直接连接，必须经过符合要求的接线盒、连接器或母线盒进行连接。

（三）同型电缆之间直接连接时必须遵守下列规定：

1. 橡套电缆的修补连接（包括绝缘、护套已损坏的橡套电缆的修补）必须采用阻燃材料进行硫化热补或与热补有同等效能的冷补。在地面热补或冷补后的橡套电缆，必须经浸水耐压试验，合格后方可下井使用。在井下冷补的电缆必须定期升井试验。

2. 塑料电缆连接处的机械强度以及电气、防潮密封、老化等性能，应符合该型矿用电缆的技术标准。”

知识与技能

三专两闭锁

煤矿井下供电中应该采用“三专两闭锁”煤矿井下供电系统。三专是由采区变电所用单独的变压器、开关、电缆线路供电，不接其他载荷，目的是提高局部通风机的供电可靠性，减少其他因素对通风机的干扰。瓦斯电闭锁是指掘进工作面中设置的瓦斯检测仪当检测到瓦斯超过规定浓度时，具有可自动停掉动力电源，只有瓦斯降低到规定限度（甲烷1%，二氧化碳1.5%）以下时方可送电的闭锁装置；风电闭锁是指只有在通风机正常通风的条件下，掘进工作面的动力电源才能正式送电。一旦停风，工作面内动力电源切断。人员须及时撤出。

井下电气设备产生失爆的原因

失爆是指矿用防爆电气设备失去应有的防爆性能。井下电气设备产生失爆的原因有：

（1）防爆外壳结合面严重锈蚀，有较大的伤痕凹坑，连接螺钉没有压紧等。

（2）因矸石冒落砸伤，支架变形挤压，搬运中严重碰撞，使外壳严重变形，因隔爆外壳的盖板、接线盒的螺钉折断、螺纹损伤，连接螺钉不齐全等。

（3）在隔爆外壳中，未经批准随便增加元件或部件，使某些距离小于规定值，造成与外壳接地线或相间弧光短路。

（4）连接电缆没有使用合格的密封圈或没有密封圈。

（5）接线柱、绝缘套管烧坏，使两个空腔连通。

（6）隔爆外壳因焊缝开焊，有裂纹而失爆。

管理经验

加强“三专两闭锁”和电气线路的安全检查

（1）井下供电系统应严格采用“三专两闭锁”系统，确保供电系统安全。

（2）加强停送电送风制度。煤矿企业和有关部门要加强井下停送电送风制度。但目前在部分企业中，往往对电力线路的安全检查和运行维护重视不够，导致个别区段的电力线路的安全性降低，增大了发生事故的可能性。因此，加强电力线路的安全检查是非常必要的。

（3）加强电气线路的安全检查工作，保证井下电气线路的安全运行。

案例精选

由于未正确使用发爆器引发瓦斯爆炸事故

1994 年 1 月 24 日 11 时 25 分，某煤矿七井发生一起特大瓦斯爆炸事故，造成 99 人死亡，3 人受伤，直接经济损失 450 万元。当天 6 时 40 分，七井、六井井长分别组织召开班前会。散会后，8 时左右，七井 87 人、六井 24 人分别入井。当天正值公司对各井进行月末验收，七井主任工程师黄某和七井各段段长与公司的有关人员入井验收左三、右四、左二工程。刚升井，听到井筒传出一声轰响，随后发现七井井口涌出浓烟，断定发生了事故，此时时间为 11 时 25 分。根据事故调查组的调查分析和专家技术鉴定，确认这是一起特大瓦斯爆炸并煤尘参与爆炸的责任事故。

事故分析

事故直接原因：在施工左三路切割上山时，由于停电停风造成瓦斯积聚；放炮员违章用煤电钻插销明火放炮，没有按规定使用发爆器而产生火花，引起瓦斯爆炸。事故主要原因：

（1）井下通风作业管理混乱。没有执行工作面停风撤人和瓦斯排放制度；瓦斯检测员对巡视路线、巡视点和检查时间不清；局部风扇没有设专人管理，随意开停；没有按规定使用便携报警仪或报警矿灯。

（2）现场管理混乱。矿井为了在放假前验收而抢进度，增加入井人员。多工种交替作业，且没有统一调度指挥。

（3）职工安全素质低，瓦斯检验员、放炮员等特殊工种人员没有按规定考核和持证上岗。

法规标准

《煤矿安全规程》中关于爆破的有关规定

《煤矿安全规程》第三百三十五条：“井下爆破必须使用发爆器。开凿或延深通达地面的井筒时，无瓦斯的井底工作面中可使用其他电源起爆，但电压不得超过 380 V，并必须有电力起爆接线盒。发爆器或电力起爆接线盒必须采用矿用防爆型（矿用增安型除外）。”

第三百三十六条：“每次爆破作业前，爆破工必须做电爆网路全电阻检查。严禁用发爆器打火放电检测电爆网路是否导通。

发爆器必须统一管理、发放。必须定期校验发爆器的各项性能参数，并进行防爆性能检查，不符合规定的严禁使用。”

第三百三十八条：“发爆器的把手、钥匙或电力起爆接线盒的钥匙，必须由爆破工随身携带，严禁转交他人。不到爆破通电时，不得将把手或钥匙插入发爆器或电力起爆接线盒内。爆破后，必须立即将把手或钥匙拔出，摘掉母线并扭结成短路。”

知识与技能

瓦斯爆炸及其危害

（1）瓦斯爆炸。瓦斯爆炸的实质，就是一定数量的瓦斯与空气中的氧气进行剧烈化学反应的结果。在这个过程中能产生巨大的冲击力和响声，可使沿途巷道支架和设备受到损失，人员出现伤亡。因此，瓦斯爆炸有十分严重的危害性和破坏性。

（2）瓦斯爆炸的危害。瓦斯爆炸产生的高温高压，促使爆源附近的气体以极大的速度向外冲击，造成人员伤亡，破坏巷道和器材设施，扬起大量煤尘并使之参与爆炸，产生更大的破坏力。另外，爆炸后生成大量的有害气体，可造成人员中毒死亡。

起爆器使用注意事项

（1）爆破时，放炮员在没有得到“放炮”指令前，不要将爆破母线与起爆器或其他放炮电源相连接，待“放炮”指令发出后再接线、充电、放炮。

（2）不要使用电压指示或氖灯指示出现故障的起爆器，防止充电电压超过额定值损坏起爆器，同时也可避免由于某种原因起爆器带电时，电压指示不能正确显示，操作过程中出现爆炸事故。

（3）对于带有毫秒开关的起爆器，要定期检查开关的滑片与触点的接触状态是否良好以及泄流电路是否正常，防止泄流电路失效，剩余电荷不能及时释放，再次操作时开关经过“放炮”位置，引起早爆事故。

（4）对于没有毫秒开关的起爆器，起爆器向电爆网路送电和释放剩余电荷需要“放炮”和“关”两个动作来完成。因此放炮后应将开关及时旋至“关”的位置。若要继续放炮也可将开关由“放炮”位置直接旋入“充电”位置，然后将爆破母线与起爆器相连。千万不要在“放炮”位置将爆破母线接入起爆器。

案例精选

由供电网保护不善引发的瓦斯事故

某煤矿属有煤尘爆炸危险矿井。发生事故的七采区通风方式属中央对角式通风，局部通风为三台局扇供三个掘进工作面。1990 年 4 月 15 日 6 时 30 分，皮带井的入井 11 号高压电缆出现短路故障，停电处理，6 时 40 分将 18 号高压电缆投用。10 时 30 分，18 号高压电缆也发生短路故障，造成双回路高压电缆全部停电。停电后人员全部撤离。11 时 30 分 11 号高压电缆修复，13 时 7 分送电。13 时 22 分，架线电机车进入七采区石门后，集电弓和架线接触产生电火花引起瓦斯爆炸事故，造成 33 人死亡，11 人受伤，直接经济损失 48 万元。

事故分析

1. 直接原因

由于两趟入井高压电缆相继短路，工作面停风停电造成瓦斯积聚，架线电机车启动产生火花，引起瓦斯爆炸。

2. 间接原因

(1) 机电管理混乱。接线头不符合操作规程的规定，两趟入井高压电缆没有保护装置，且不能单独担负井下全部负荷。

(2) 运输管理混乱。没有按规程规定上齐轨道绝缘装置，致使杂散电流进入到工作面。在与主运道相连的掘进面瓦斯尚未排放的情况下，七采区架线送电产生火花，引起瓦斯爆炸。

(3) 生产管理混乱。故障处理缺乏统一指挥，组织管理混乱。专业系统之间不协调，分工过细。

法规标准

《煤矿安全规程》中关于电源线路的有关规定

《煤矿安全规程》第四百四十一条："矿井应有两回路电源线路。当任一回路发生故障停止供电时，另一回路应能担负矿井全部负荷。年产 60 000 t 以下（不含 60 000 t）的矿井采用单回路供电时，必须有备用电源；备用电源的容量必须满足通风、排水、提升等的要求。

矿井的两回路电源线路上都不得分接任何负荷。

正常情况下，矿井电源应采用分列运行方式，一回路运行时另一回路必须带电备用，以保证供电的连续性。

10 kV 及其以下的矿井架空电源线路不得共杆架设。

矿井电源线路上严禁装设负荷定量器。"

知识与技能

影响矿井瓦斯涌出量的因素

影响矿井瓦斯涌出量的因素主要有以下几点：

（1）煤层瓦斯含量。煤层瓦斯含量是影响瓦斯涌出量的决定因素。开采煤层的瓦斯含量越高，其瓦斯涌出量也越大。

（2）开采规模。当矿井开采具有一定规模后，如果矿井涌出的瓦斯主要来源于采落的煤块时，随着产量的变化，对绝对瓦斯涌出的影响较为显著；如果瓦斯主要来源于采空区和煤壁，随产量的变化，对相对瓦斯涌出量的影响较为显著。

（3）开采顺序。近距离多煤层或厚煤层分层开采时，首采煤层（或首分层）瓦斯涌出量较高，除因本身的瓦斯涌出量外，邻近层或其他分层的瓦斯，也会通过各种途径涌入首采层的采空区和开采空间中来。

（4）开采方法。顶板管理采用全部垮落法，由于顶板的垮落和松动范围较大，其瓦斯涌出量就比较大；而采用充填或部分充填法，其瓦斯涌出量相对比较小。

（5）生产工艺过程。在同一采掘工作面中，由于不同的生产工艺过程，瓦斯涌出量差异很大，一般在落煤时瓦斯涌出量为最高。

（6）通风压力。抽出式通风的矿井，瓦斯涌出量随着矿井通风压力（负压）的提高而增大，压入式通风的矿井，瓦斯涌出量随着矿井通风压力（正压）的降低而增加。

（7）采空区管理。采空区是矿井瓦斯的一个重要来源。采空区内积存着大量的高浓度（60％～70％）瓦斯。如果采空区密闭的质量不好，或其进、回风巷两侧通风压差较大，就会造成采空区大量漏风，而把更多的瓦斯带出来，从而导致矿井瓦斯涌出量增大。

总之，影响矿井瓦斯涌出量的因素很多，但程度不同，应根据不同矿井的具体条件找出其主要因素及影响规律，以便采取针对性防治措施。

煤矿供电保护

煤矿井下的环境较特殊，其设备分为矿用一般型电气设备和矿用隔爆型电气设备，前者不具有防爆性能，适用于没有瓦斯、煤尘爆炸危险的场所；后者具有防爆和隔爆性能，适用于有瓦斯、煤尘爆炸危险的场所。同时，电气设备按工作电压高低分为低压电气设备和高压电气设备，井下电气设备大多属一类负荷和二类负荷，工作时的电流、电压都较大，对其保护是保证可靠性工作的关键。

（1）过流保护。电气火灾产生的主要原因是电网的过电流，而过电流又是由短路、过载引起的，因此防止电火灾方法就是防止过流的产生。过流保护包括短路保护和过载保护。目前电磁式继电器和电子式继电器均可实现短路保护，而过载保护可由电磁式继电器、电子式继电器和热继电器实现。

（2）接地保护。电气设备的绝缘损坏，其金属外壳和架构就会带电。当人触及此电气设备时就会发生触电事故，而且我国规定触电的安全极限，交流电流值为 30 mA，因此要通过接地保护限制通过人身的电流，使其在极限电流之内。保护接地的关键是将保护接地装置的接地电阻降低到规定的范围内，就可以使流过人体的电流不超过安全极限电流，确保安全生产。

（3）漏电保护。当电网绝缘电阻小于一定数值时，人触及后会产生触电危险，而且漏电不仅会使设备进一步损坏，形成短路事故，同时还导致人身触电和漏电火花引爆瓦斯、煤尘的危险。因此在井下供电系统中必须装设漏电保护装置实现绝缘监视、漏电保护以及补偿流过人身的电容电流的作用。无选择性漏电保护采用附加直流电源的保护原理，在包含对地绝缘电阻的检测回路中附加直流电源，监视其直流电流的变化，达到监测绝缘电阻的目的。有选择性漏电保护采用零序电流保护原理。零序电流信号由零序电流互感器获得。当未发生漏电时，一次侧三相电流对称，其电流相量和为 0，二次侧无电流输出；当发生漏电时，一次侧三相电流不对称，其电流相量和不为 0，二次侧有电流输出。

隔爆型电气设备的检查

（1）检查隔爆型电气设备是否由经过考试合格的防爆电气设备检查员检查其安全性能，并取得合格证。

（2）外壳是否完整无损，有无无裂痕和变形。

（3）外壳的紧固件、密封件、接地件是否齐全完好。

（4）隔爆接合面的间隙、有效宽度和表面粗糙度是否符合规定，螺纹隔爆结构的拧入深度和啮合扣数是否符合规定。

(5) 电缆接线盒和电缆引入装置是否完好，零部件是否齐全，有无缺损，电缆连接是否牢固、可靠。与电缆连接时，一个电缆引入装置是否只连接一条电缆。密封圈外径与电缆引入装置内径之差，是否大于 2 mm；电缆与密封圈之间是否包扎其他物。不用的电缆引入装置是否用厚度不小于 2.0 mm 钢板堵死。

(6) 连锁装置功能要完整，保证电源接通打不开盖，开盖送不上电；内部电气元件、保护装置应完好无损、动作可靠。

(7) 接线盒内裸露导电芯线之间的电气间隙和爬电距离是否符合规定；导电芯线应无毛刺，上紧接线螺母时是否压住绝缘材料；外壳内部是否增加元部件，是否使电气间隙小于规定值。

(8) 在设备输出端断电后，壳内仍有带电部件时，是否在其上装设防护绝缘盖板，并标明“带电”字样，防止人身触电事故。

(9) 接线盒内的接地芯线是否比导电芯线长，即使导线被拉脱，接地芯线仍保持连接；接线盒内保持清洁，无杂物和导电物。

(10) 隔爆型电气设备安装地点应无滴水、淋水，周围围岩应坚固；设备放置应与地平面垂直，最大倾斜角度不得超过 15°。

(11) 是否使用失爆设备及失爆的小型电器。发现失爆是否追究责任者及有关人员的责任。

《煤矿安全规程》关于井下安全供电的规定

为了加强对井下供电的管理，改善井下电气安全状况，防止各类电气故障的发生和发展，《煤矿安全规程》对井下供电作了以下规定：

三无——无“鸡爪子”，无“羊尾巴”，无“明接头”。

四有——有过流和漏电保装置，有螺钉和弹簧垫，有密封和挡板，有接地装置。

两齐——电缆悬挂整齐，设备硐室清洁整齐。

三全——防护装置全，绝缘用具全，图纸资料全。

三坚持——坚持使用检漏继电器，坚持使用煤电钻、照明和信号综合保护装置，坚持使用瓦斯、电和风电闭锁。

管理经验

煤矿供电系统继电保护的管理

1. 正确配备继电保护装置

继电保护应根据煤矿电力系统的接线和运行特点选择配备。对于井下低压供电系统也必须按规定装设继电保护。具体办法如下：

(1) 根据简单、可靠的原则，对于地面变电所高压开关应具备：①过电流保护；②电流速断保护；③有选择性的检漏保护。

(2) 对于 320 kV · A 及以下：变压器一次侧可采用熔断器作短路保护，二次侧装设自动空气开关进行短路保护。对于电力电容器，应装设电流速断保护，对电容器内部故障，则采用熔断器保护。

（3）对于井下变电所高压，应选用瞬时动作过流脱扣器作过电流保护，同时也应具备失压保护及高压选漏保护。对于井下变电所低压开关应装设过电流保护和检漏保护。

2. 合理确定整定方案

继电保护整定方案的计算包括系统短路电流和保护定值两部分，继电保护要达到有选择性、快速性、可靠性和灵敏性四个基本要求。为保证煤矿安全供电，正常情况下，变电所母线最好分段运行，这样可以使总进线盘电流减小，同时还减小了事故影响范围。应该注意的是，采取分段运行要考虑到其中任一回路出现故障时，另一回路必须能够带动全部负荷，每条回路应按变电所负荷电流进行继电保护整定。在计算各级保护整定值时，要注意上下级保护的配合，绘制出时限特性曲线，在曲线要求时限和动作电流均达到配合条件才行。

3. 继电保护的定期检查

对新安装电气设备的继电保护，必须全面检查；运行中的继电保护，由于负荷的经常变化和工作环境影响，也必须定期进行检验。

4. 加强日常管理

将定期校验和日常管理结合起来，才能保证安全供电。

（1）对继电保护管理要包制到人，经常检查。

（2）制定继电保护技术人员及专责电工岗位责任制，确保继电保护管理工作的落实。

（3）要注意继电保护技术资料的管理。

（4）搞好继电保护维护，每季度检查调整 1 次。在设备安装、移动、检修时以及事故后，同时也要对继电保护进行检查，值班人员的日常检查，也要包括继电保护。

案例精选

由于瓦斯检查不善导致瓦斯爆炸事故

某煤矿为集体所有制，在开采过程中安全管理混乱，违章指挥、违章作业现象严重。2004 年 2 月 23 日零点班，该矿井下共有 37 人作业。6 时 10 分，由于掘进工作面当班瓦斯检查员严重违章，上班时脱岗，没有及时接风筒，致使该工作面处于微风、无风状态，造成瓦斯大量积聚并达到爆炸条件；工人违章拆卸矿灯，矿灯短路产生火花，引起瓦斯爆炸。井上人员听到爆炸声，同时看到主井井口冒烟，主扇风机排黑烟，知道井下发生了瓦斯爆炸事故，造成 25 人死亡，财产损失严重。

事故分析

1. 直接原因

该煤矿 13＃煤层东一掘进工作面当班瓦斯检查员严重违章，上班时脱岗，没有及时接风筒，致使该工作面处于微风、无风状态，造成瓦斯大量积聚并达到爆炸条件；工人违章拆卸矿灯，矿灯短路产生火花，引起瓦斯爆炸。

2. 间接原因

（1）该煤矿违法组织生产。2003 年 5 月，原矿长离开后，该矿在新任负责人在没有取得矿长资格证的情况下违法组织生产。2004年2月6日，该企业管理部门组织人员对该矿进行验收，发现存在9个方面的安全问题，随即下达了立即停产整顿、经重新验收合格后方可开工生产的决定，但该矿拒不执行停产整顿决定，擅自恢复生产。

（2）该煤矿井下安全管理混乱，违章指挥、违章作业现象严重。该矿井没有按规定配齐瓦斯检查员，现有瓦斯检查员经常上连班，致使当班瓦斯检查员脱岗睡觉，没有及时接风筒。同时，该矿瓦斯检查员无证上岗且不按规定检查瓦斯，工人在工作面无风的情况下作业并违章在井下拆卸矿灯等问题。

法规标准

《煤矿安全规程》中关于瓦斯检查制度的有关规定

《煤矿安全规程》第一百四十九条："矿井必须建立瓦斯、二氧化碳和其他有害气体检查制度。

并遵守下面规定：瓦斯检查人员必须执行瓦斯巡回检查制度和请示报告制度，并认真填写瓦斯检查班报。每次检查结果必须记入《瓦斯检查班报手册》和检查地点的记录牌上，并通知现场工作人员。瓦斯浓度超过本规程有关条文的规定时，瓦斯检查工有权责令现场人员停止工作，并撤到安全地点。"

知识与技能

瓦斯爆炸的必备条件和影响因素

1. 瓦斯爆炸的必备条件

瓦斯爆炸的三个必备条件是：瓦斯浓度达到 5%～16%，引火温度为 650～750℃，氧浓度不低于 12%。

2. 瓦斯爆炸的主要影响因素

（1）可燃性气体的混入。在瓦斯和空气的混合气体中，如果有一些可燃性气体混入，像硫化氢、乙烷等，这些气体本身具有爆炸性，不仅增加了爆炸气体的总浓度，而且会使瓦斯爆炸下限降低，从而扩大了瓦斯爆炸的界限。

（2）爆炸性煤尘的混入。当瓦斯和空气的混合气体中混入了爆炸性煤尘，由于煤尘本身遇到火源会放出可燃性气体，因而会使瓦斯爆炸下限降低。

（3）惰性气体的混入。瓦斯和空气的混合体中，惰性气体的混入会使氧气的含量降低，因而可以缩小瓦斯的爆炸界限，降低瓦斯爆炸的危险性。

（4）混合气体的压力。混合气体的压力越大，所需的点火温度就越低，也就越容易发生瓦斯爆炸事故。

（5）混合气体的初始温度。混合气体的初始温度越高，瓦斯爆炸的界限就越大。

（6）瓦斯浓度与点火温度。不同的瓦斯浓度，所需的点火温度不同。瓦斯浓度在 7%～8%时，所需的点火温度最低，也就最容易发生瓦斯爆炸。

需要检测瓦斯的地点

（1）采煤工作面需检测瓦斯和二氧化碳的地点：

1）工作面进风流（指进风顺槽至工作面煤壁线以外的风流）；

2）工作面风流（指距煤壁、顶、底板各 20 cm 和以采空区切顶线为界空间风流）；

3）上隅角（指采煤工作面回风侧最后一架棚落山侧 1 m 处）；

4）工作面回风流（指距采煤工作面 10 m 以外的回风顺槽内不与其他风流汇合的一段风流）；

5）尾巷（指高瓦斯与瓦斯突出矿井采煤工作面专用于排放瓦斯的巷道）栅栏处。

（2）掘进工作面需测定瓦斯及二氧化碳的地点：

1）掘进工作面风流（指风筒出口或入口前方到掘进工作面的一段风流）；

2）掘进工作面回风流；

3）局部通风机前后各 10 m 以内的风流；

4）局部高冒区域。

（3）矿井总回风或一翼回风流中的瓦斯和二氧化碳的测定在各测风站内进行。

（4）采区回风流中的瓦斯和二氧化碳的测定在该采区各分区风流汇合后的测风站内进行。

（5）硐室的瓦斯、二氧化碳及其他有害气体的测定在各硐室内进行。

（6）设置有电动机（如小绞车、水泵、采煤机、掘进机、移动变电所等）的采掘工作面进风流中的瓦斯和二氧化碳的检查应在以电动机为中心的进、回风两端各 20 m 范围内的巷道内进行。

（7）放炮地点检查瓦斯的部位

1）采煤工作面放炮地点的瓦斯检查应在沿工作面煤壁上下各 20 m 范围内的风流中进行；

2）掘进工作面放炮地点的瓦斯检查应在该点向外 20 m 范围内的巷道风流中及本范围内局部瓦斯积聚处进行。

管理经验

瓦斯员考核制度

矿井应当按有关规定配备瓦斯检查员和后备瓦斯检查员，实行末位淘汰制度。

考核标准：①瓦斯员要严格遵守矿纪、矿规和通风工区管理制度。②瓦斯员工作必须服从单位及班长的分配。③瓦斯员在现场严格执行“一炮三检”和“三人联锁放炮制”。④斯员必须严格执行现场交接班制度。⑤瓦斯员现场必须及时准确填写瓦斯手册和记录牌。

案例精选

由盲巷的密闭管理不善导致的瓦斯爆炸事故

某煤矿为省属国有企业，属高瓦斯矿井，证照齐全。

2006 年 6 月 28 日 8 时 17 分，该煤矿采区集中皮带机尾处的盲巷失修导致密闭，员工因缺乏开启知识导致开启程序不对，导致瓦斯积聚；又因煤炭氧化自燃，导致发生瓦斯爆炸事故。当时死亡27人，伤36人，其中重伤5人经抢救无效于7月6日至13日死亡。共造成32人死亡，直接经济损失839万元。

事故分析

（1）事故的直接原因是：采区集中皮带机尾处的盲巷失修导致密闭，且开启程序不对，瓦斯渗出，其浓度达到爆炸界限，该处下部煤炭氧化自燃，产生高温火点，导致发生瓦斯爆炸事故。

（2）事故的主要原因：一是该矿一些领导重生产、轻安全，对监察部门的监察指令整改不力。瓦斯管理混乱，不重视盲巷密闭管理，大多数没有对密闭进行检查，对检查出的问题也没有处理，留下重大事故隐患。二是上级主管部门对该矿“一通三防”管理、监督、检查、指导不力。

法规标准

《煤矿安全规程》中关于巷道防突措施的有关规定

第一百九十一条：“掘进工作面防治突出措施效果检验有效时，允许的进尺量必须同时保证在巷道轴线方向留有不少于5 m的措施孔超前距和不少于2 m的检验孔超前距。

采煤工作面防治突出措施效果检验有效时，允许的推进进度必须同时满足留有不少于3 m的措施孔超前距和不少于2 m的检验孔超前距。

当防突措施无效时，不论措施孔还留有多少超前距，都必须采取防治突出的补充措施，只有经措施效果检验有效后，方可在采取安全防护措施的前提下进行采掘作业。”

第九十五条规定：“报废的巷道必须封闭。报废的暗井和倾斜巷道下口的密闭墙必须留泄水孔。”

知识与技能

启开密闭盲巷注意事项

（1）最好在非生产班或临时停工进行，在回风涉及的范围内，机电设备应停止运转甚至切断电源，撤出人员。

（2）处理前，应由救护队佩戴氧气呼吸器进入瓦斯积存区检查瓦斯浓度，估算出瓦斯积存量，然后再根据该区域通风能力决定排放速度。

（3）处理工作要由救护队和通风人员配合进行。

（4）开动局扇前要检查局扇附近 20 m 内瓦斯是否超限，局扇不得发生循环风。

（5）如果瓦斯积聚量较大，应逐段恢复通风，并不断检查回风流瓦斯浓度，防止大量瓦斯突然涌出造成事故。

管理经验

瓦斯的涌出形式

1. 瓦斯涌出的概念

矿井在生产或建设时，煤体受到破坏，储存在煤体内的部分瓦斯就会离开煤体而涌入采掘空间，这种现象叫做瓦斯涌出。

2. 瓦斯涌出的形式

(1) 普通涌出。瓦斯沿着煤、岩体内的微细空隙缓缓地、连续地涌向采掘空间的现象，称为矿井瓦斯的普通涌出。

(2) 特殊涌出。如果煤岩层中含有大量瓦斯，采掘工作进入这些地段时，这些瓦斯就会在极短的时间内，大量地涌出，可能还伴有碎煤或岩块，这种现象叫特殊涌出。它包括瓦斯喷出及煤与瓦斯突出。

瓦斯喷出的分类及“探、排、引、堵”预防措施

所谓瓦斯喷出就是大量瓦斯在压力状态下从煤、岩裂缝中喷出，包括短时间的喷出和长时间的喷出。瓦斯喷出按其成因分为两类：

(1) 瓦斯喷出与地质构造有密切的关系。瓦斯喷出一般发生于能储存瓦斯的地质构造破坏带，如断层、断裂、褶曲和石灰岩溶洞附近。

(2) 另一类发生于煤层顶（底）板、围岩分层断裂的回采工作面，如围岩内赋存含瓦斯的煤层或夹层的情况下，当煤层回采后，围岩形成空洞，邻近层的瓦斯有可能转移到这些空洞内，瓦斯量和瓦斯压力逐渐增加，能突破层间围岩喷向采空区，同时，工作面的瓦斯涌出量也随之增加。

预防瓦斯喷出可采取“探、排、引、堵”的技术措施。“探”就是探明地质构造和瓦斯情况；“排”就是排放或抽放瓦斯；“引”就是把瓦斯引至总回风流或工作面后 20 m 以外的区域；“堵”就是将裂隙、裂缝等堵住，不让瓦斯喷出。具体处理措施还应根据瓦斯喷出量和瓦斯压力大小等具体情况进行。

盲巷管理制度

（1）井下所有不通风或风速低于 0.15 m/s 的巷道，均按盲巷处理。采用扩散通风有效且深度小于 6 m，宽度大于 1.5 m 的硐室不按盲巷管理。

（2）盲巷是安全生产的重大隐患，有关单位在设计、生产过程中要严格把关，防止盲巷的产生。

（3）开掘工作面临时停工时一律不准停风。长期停工地点需停风时必须由生产技术科事先与通风科取得联系，并安排开掘队及时撤出停工区域的一切设备及管线后由通风科及时进行封闭，临时停工与长期停工以一个月为界来划分。

（4）受地质条件影响造成的盲巷在停风当班必须撤出所有设备管线并由瓦检员负责在巷口设置栅栏、警示标语。巷道内瓦斯浓度或二氧化碳浓度达到或超过 3%必须在 24 h 内采用料石闭或板闭等隔断性措施予以封闭。若瓦斯浓度在 3%以下应在三日内封闭。

（5）所有井下密闭（防火墙）应构筑在距巷口不超过 5 m 的位置。如受客观条件限制时，应采用重复闭的形式且最后一道临时闭距巷口不超过 5 m。密闭墙距离巷口超过 2 m 还应在巷口全断面设置栅栏，其网孔规格不得大于 200 mm×200 mm，牢固可靠，并在醒目位置警示标语。

（6）因临时停电或其他原因造成局部通风机停止运转致

使开掘工作面临时停风时，应采取临时密闭措施，同时要将通入停风区内的导电体从巷口处断开。设在巷道口（距巷口不超过 5 m）的密闭高度不得小于 1.5 m，并用铁丝等物围成不大于 200 mm×200 mm 的网格，警示标语要醒目。

（7）临时停风的独头巷道，瓦斯检查员每班在栅栏处至少检查一次瓦斯浓度。如发现栅栏内侧 1 m 处瓦斯浓度超过 3%必须立即汇报通风区调度，并在 24 h 内采取板闭措施予以封闭。

（8）轨道、管线等导体（防火墙上预留的观察孔、返水管等除外）不得通往密闭区内。

（9）全矿人员必须爱护盲巷封闭设施，任何人不得损坏封闭进入盲巷。

（10）通风科必须建立盲巷管理台账，定期对全矿井的盲巷封闭设施进行检查、维护，保证设施完好。

（11）启封盲巷时，通风科必须制订通风安全措施，按照《井下瓦斯排放管理制度》有关规定进行瓦斯排放工作。

案例精选

测风制度不严引发瓦斯爆炸事故

某煤矿是山西省某市南郊区某乡七个村中五个村投资联办煤矿。该矿井瓦斯等级未鉴定，参照四邻煤矿，按高瓦斯矿井管理。煤尘有爆炸危险，顶板有冲击地压危险。

3 月 29 日，瓦检员漏检，事故当班又没有进行安全检查，缺少通风安全检测仪表。加之局部通风管理不善，风流短路，风桥断面小又被堵塞，401 局扇安装位置不合理，造成瓦斯积聚。

3 月 30 日早班，事故当班代班长在班前布置生产任务后，带领当班 28 名工人于 7 时全部下井，分别在四个掘进工作面进行作业。在作业过程中电钻插销电源线接反，带负荷插入插销产生明火，引起瓦斯爆炸。死亡 25 人，经济损失严重。

事故分析

局部通风管理不善，风流短路，风桥断面小，又被堵塞，401 局扇安装位置不合理，造成瓦斯积聚；加之电钻插销电源线接反，带负荷插入插销产生明火，引起瓦斯爆炸，是这次事故的直接原因。29 日瓦检员漏检，事故当班又没有进行安全检查，缺少通风安全检测仪表，工人进入工作面冒险作业，是这次事故的主要原因。

改变井下局部通风系统，没有施工方案。虽然有几条措施，也未在工人中贯彻落实，风桥竣工后，没有验收就安排生产，生产管理混乱。该矿井未履行基本建设程序，在没有正式设计方案、资金不落实的情况下，盲目施工是这次事故的客观原因。

法规标准

《煤矿安全规程》中关于测风制度的有关规定

《煤矿安全规程》中第一百零五条：“矿井必须建立测风制度，每 10 天进行 1 次全面测风。对采掘工作面和其他用风地点，应根据实际需要随时测风，每次测风结果应记录并写在测风地点的记录牌上。

应根据测风结果采取措施，进行风量调节。”

第一百零六条：“矿井必须有足够数量的通风安全检测仪表。仪表必须由国家授权的安全仪表计量检验单位进行检验。”

知识与技能

煤矿井巷测风新方法

煤矿的安全生产中，各用风地点适当的风量供给是通风安全管理的重要内容，而精确地检测井巷平均风速则是完成正确供风的一个主要环节。在巷道横断面不同的风速层次上，移动风表时间的不均匀性及大断面巷道不能全断面移动风表，对检测精度也有非常大的影响。为了克服上述不足，利用煤矿井巷的通风理论，分析巷道紊流风速的分布规律，确定在井巷中心点和井巷平均风速点进行定点测风。

1. 井巷中心定点测风法

井巷中心定点测风法是定点测风法的一种，又称速度场系数测风法，它和平均风速点定点测风法的区别在于平均风速点定点测风法所测得的风量无须校正，可视其为标准的巷道平均表风速，而中心点定点测风法所测得的风速则必须经过校正后才能得到标准的巷道平均表风速。

2. 井巷平均风速点定点测风法

风流在井巷中流动时，一般有两种流动状态：一种是风流在流动时呈层状流动，各层间风流互不混合，风流质点流动的轨迹为直线或有规则的平滑曲线，这一状态称为层流。

在巷道断面较大、风速较小或巷道摩擦阻力较大时风流一般会出现层流状态。另一种是风流流动时各部分风流强烈地互相混合，风流质点的流动轨迹极不规则，除了有风流总方向的位移外，还有垂直于风流总方向的位移，风流内部存在着时而产生时而消失的旋涡，这一状态称为紊流。在矿井正常的生产过程中，由于层流状态的风流对矿井有毒有害气体的管理有诸多的不利影响，故煤矿井下通风巷道不允许出现层流状态的风流。在井巷中以紊流状态流动的风流可划分两部分，靠近巷道边壁有一层很薄的层流边层，在层流边层内的风速称为边界风速，在巷道中央的绝大部分断面上充满着紊流风速，其风速大于边界风速，并由巷道壁向轴心方向逐渐增大。

冲击地压的分类与防治方法

冲击地压又称岩爆，是指井巷或工作面周围岩体，由于弹性变形能的瞬时释放而产生突然剧烈破坏的动力现象，常伴有煤岩体抛出、巨响及气浪等现象。

1. 冲击地压的分类

根据冲击强度和抛出的煤量，可分为三类：

轻微冲击（Ⅰ级）：抛出煤量在 10 t 以下，冲击强度为里氏震级 1 级以下的冲击矿压。

中等冲击（Ⅱ级）：抛出煤量在 10～50 t，冲击强度为里氏震级 1～2 级以下的冲击矿压。

强烈冲击（Ⅲ级）：抛出煤量在 50 t 以上，冲击强度为里氏震级 2 级以上的冲击矿压。

2. 冲击地压的防治方法

防治冲击地压主要从两方面着手：一是在大范围内避免形成高应力集中的条件；二是在局部范围内改变煤（岩）体的物理力学性能，减缓已形成的应力集中的程度。前者称防危措施，后者称解危措施。

主要防危措施有：开采解放层；合理确定开采方法；无煤柱开采。

主要解危措施有：高压注水；放松动炮；钻孔槽卸压；强制放顶。

生产中应结合实际，加强预测工作，总结冲击地压规律。同时提高支护质量，严禁刚性支护。

管理经验

专职安全管理队伍的建设

专职安全管理队伍的建设，必须注重安全管理人员的选拔，所选拔的专职安全管理人员必须具备以下条件：

（1）专职员必须是职工的朋友；

（2）专职安全员必须讲原则。

总而言之，施工企业专职安全管理队伍建设，要注重专职安全管理人员业务素质和工作能力培养，而一支优秀的专职安全管理队伍是企业发展重要安全管理支柱。

案例精选

同一工作面使用两个放炮器引发的瓦斯爆炸事故

某矿位于内蒙古自治区某矿区，矿井采取竖井开拓，分区通风，是一个高瓦斯矿，设有瓦斯抽放系统。发生事故的工作面位于矿东一下山采区西翼，采用倾斜分层金属网假顶下行单一长壁采煤法。现在采第一分层，采高 2.2 m，摩擦金属支柱，木板梁支护，采取垮落法管理顶板。矿井有煤与瓦斯突出危险。工作面供风量 614 m^3/min，回风瓦斯浓度 0.92%，煤尘爆炸指数 47%～58%。工作面设有瓦斯遥测报警系统，还设有灌浆除尘洒水系统。

某年 7 月 9 日中班，于 13 时下井打眼装药，17 时左右开始放炮，第一组炮从上口以下 7 m 处开始，当向下放炮到 20 m 处，约 18 时 10 分发生了瓦斯爆炸事故，死亡 25 人，伤 18 人。这是一起重大责任事故。

事故分析

（1）经分析，发现工作面两台放炮器同时放炮，相距 44 m。在距回风巷 20 m 的第一组最后有两个炮眼，残眼深度 0.5 m，雷管脚线严重烧焦，木板梁积存有焦渣，而且向上下两侧方向逐渐消失。

（2）从 7 月 5 日开始，工作面中部出现地质破碎带，6 日发生局部冒顶，工作面瓦斯有所增加。当第二组在破碎带附近放炮时，泄出大量瓦斯。

（3）事故前，回风巷的瓦斯报警仪报警，瓦斯浓度从

1.5%突然上升到2.8%，工作面仍未停止放炮。

法规标准

《煤矿安全规程》中关于发爆器使用的有关规定

《煤矿安全规程》第三百二十一条："在有瓦斯或有煤尘爆炸危险的采掘工作面，应采用毫秒爆破。在掘进工作面应全断面一次起爆。不能全断面一次起爆的，必须采取安全措施；在采煤工作面，可分组装药，但一组装药必须一次起爆。

严禁在1个采煤工作面使用2台发爆器同时进行爆破。"

知识与技能

使用发爆器，放炮母线、警戒距离的规定

（1）放炮器必须由放炮员随身携带或随同小药箱锁入专用的炸药箱内。

（2）一个工作面严禁使用两台放炮器同时放炮。

放炮员在使用放炮器时，必须按下列顺序进行操作：

1）检查放炮器。放炮母线与放炮器连接前，应先检查氖灯是否发亮，并测定其经过的时间。若氖灯发亮且经过时间小于12 s，说明发爆能力正常。

2）放炮前按规定发出信号。现场人员撤离到放炮警戒线以外的安全地点后，放炮员还必须发出规定的声、光信号，确认人员已全部撤离，方可解开母线接头，接到放炮器的接线柱上，以免因主电容残余电荷未全部泄放，发生早爆伤人。

3）放炮。将开关钥匙插入毫秒开关内，按逆时针方向转至充电位置，氖灯亮后，必须立即按顺时针方向转至放炮位置。放炮后，开关要停在“放炮”位置上，并把开关钥匙拔出，由放炮员自己保管。然后把母线从放炮器接线柱上取下，并将母线的两个线头扭结在一起，形成短路。

（3）放炮母线长度必须符合《煤矿安全规程》规定，放炮员亲自连接母线，最后一个离开放炮地点。

（4）放炮时的撤人距离，回采面不得小于 30 m，煤巷掘进不得小于 75 m，掘进巷道若距工作面 75 m 有拐弯时，人员撤到拐弯巷道内 10 m 以上，但撤离总距离不小于 50 m。

管理经验

爆破作业安全管理制度

（1）实施爆破作业，必须严格遵守下列五项规定：

1）有专（兼）职安全监督员或指定专人负责安全；

2）由持有《爆破员作业证》的爆破员作业；

3）在危险区域边界设置岗哨和标志；

4）爆破前必须有信号，危险区内人员必须撤至安全地点；

5）必须在爆破后进行现场检查，确认安全后，才能发出解除警戒信号。

（2）必须严格执行爆破作业操作规程。

（3）爆破器材的组装、加工等危险性作业必须在专门场所进行，严格在放炮现场库房内进行。

(4) 领用爆破器材不得超过当班用量，所需爆破器材由安全监督员或专门负责人和爆破员共同核定填写领料单，并共同签字后交单位负责人签字，然后凭此签字的领料单到保管员处领料，剩余爆破器材，经核实并由领料人签字后退回仓库，不得带回家中或随便存放在别处。

(5) 保管好爆破现场的爆破器材，严防被盗丢失，严禁赠送、转卖、转借爆破器材，严禁使用爆破器材炸鱼、炸兽。

(6) 严禁在接触爆破器材时吸烟、用火。

案例精选

防爆设备检查力度不够引发的瓦斯事故

某矿属于抚顺市地方煤矿。1983 年 8 月 4 日 4 时班，二坑郭坑长决定恢复 280 水平南翼一道顺槽掘进，安排作业人员进行铺溜子、接线送电。当天由通风队长刘某某代坑长值班。通风员打开通往掘进头的局扇后，检查顺槽瓦斯浓度为 0.6%，上山眼口处瓦斯浓度为 4.2%。他当即向刘队长汇报，并在交班记录上写明“顺槽上山瓦斯未排”。刘知道顺槽及两个上山有瓦斯，没派人处理，也没有向 8 月 5 日白班领导交代，白班继续派人进行铺溜子和接电源开关等作业。结果在上午 8 时 55 分发生了瓦斯爆炸事故，共死亡 34 人。

事故分析

（1）机电设备和通风系统管理混乱，80%的防爆设备失去防爆性能，开关过流保护装置的熔丝全部用钢丝代替，无接地保护，瓦斯超限严重，缺少防爆设备检查工作。

（2）矿领导片面追求产量，为了赶进度、多出煤，把没有采区设计，未形成生产能力的 280 南翼采区列入生产采区。采取边掘进、边采煤的前进式高落采煤法和下行通风，严重违反了《煤矿安全规程》的规定，使工人长期冒险作业。

（3）对职工缺乏系统的安全培训。该矿亦工亦农的合同工、家属工较多，矿里缺乏对这些人员进行系统的安全知识教育，职工有章不循、违章冒险蛮干的现象时有发生。

法规标准

《煤矿安全规程》中关于防爆设备检查的有关规定

《煤矿安全规程》第四百八十九条："井下防爆电气设备的运行、维护和修理，必须符合防爆性能的各项技术要求。防爆性能遭受破坏的电气设备，必须立即处理或更换，严禁继续使用。"

第五百四十二条："机械设备的供电电缆必须绝缘良好，电缆横过铁路、公路时，必须采取防护措施。机械设备内必须备有完好的绝缘防护用品和工具，并定期进行电气绝缘性能试验，不合格的及时更换。"

第五百四十三条："电气设备应安设过流、过压、漏电、接地等保护装置，并灵敏可靠。”

知识与技能

电气设备和电缆的检查规定表

检查、调整项目	检查周期	备注
使用中的防爆电气设备的防爆性能检查	每月1次	每日应由分片负责电工检查1次外部
配电系统继电保护装置检查整定	每6个月1次	负荷变化时应及时整定
高压电缆的泄漏和耐压试验	每年1次	
主要电气设备绝缘电阻的检查	每6个月不少于1次	
固定敷设电缆的绝缘和外部检查	每季1次	每周应由专职电工检查1次外部和悬挂情况
移动式电气设备的橡套电缆绝缘检查	每月1次	每班由当班司机或专责电工检查1次外皮有无破损
接地电网接地电阻值测定	每季1次	
新安装的电气设备绝缘电阻和接地电阻的测定		投入运行以前

案例精选

放炮检查制度不严引发瓦斯爆炸

某煤矿位于安徽省淮南市西郊。该矿为高瓦斯矿井，并具有煤和瓦斯突出危险。

事故发生地4411—353 m运输顺槽掘进工作面，运输顺槽于1985年2月开始施工，事故前共掘进195 m。施工过程中，2—7月份瓦斯平均浓度和涌出量变化不大，平均涌出量为0.7 m^3/min。进入8月份以后，风流中瓦斯平均浓度和涌出量明显上升，瓦斯浓度为0.56%～0.96%，绝对涌出量为1.39～2.36 m^3/min。特别是放炮后瓦斯超限严重达6%。

1985年8月24日8时35分，放炮员违反操作规程，放炮时明火点燃瓦斯发生瓦斯爆炸事故，死亡28人，伤12人。这是一起严重的责任事故。

事故分析

（1）违反《煤矿安全规程》有关规定，放炮时未将炮眼内煤粉掏尽，未装座底泥，药卷未顶实，封泥未填满捣实，而且采用反向起爆，安全措施不到位，引起放炮着火。

（2）放炮管理松弛，制度执行不严，矿区对长期违章装炮、放炮行为没有认真检查纠正。

（3）该工作面进入8月份后，炮后瓦斯涌出量增大，瓦斯报警断电仪经常报警断电，但此现象未引起有关领导和部门的重视，从未研究分析和采取措施加以预防，导致炮后涌出的高浓度瓦斯遇火爆炸。

（4）安全工作没有落到实处，安全技术工作不够严细，矿及通风区领导对瓦斯日报表审阅马虎，对炮后瓦斯严重等问题没有督促有关部门研究解决。

法规标准

《煤矿安全规程》中关于装药的有关规定

《煤矿安全规程》第三百二十七条："装药前，首先必须清除炮眼内的煤粉或岩粉，再用木质或竹质炮棍将药卷轻轻推入，不得冲撞或捣实。炮眼内的各药卷必须彼此密接。有水的炮眼，应使用抗水型炸药。装药后，必须把电雷管脚线悬空，严禁电雷管脚线、爆破母线与运输设备、电气设备以及采掘机械等导电体相接触。"

知识与技能

正、反起爆概念及特点

正、反起爆区别是装药结构和起爆后爆轰波传播方向的不同。

正向起爆装药先将被动药包装入炮眼内，然后装入起爆药，最后用炮泥填满剩余炮孔。所有药包和雷管的聚能穴一致朝向炮眼底。起爆时起爆药包的爆轰波传播方向由外向里。这样的起爆往往因为连续柱状药包起爆造成爆轰波衰减，出现残孔和残留炸药现象。

反向起爆装药先将起爆药包装入炮眼底，然后再依次装入被动药包，最后用炮泥填满剩余炮孔。所有药包和雷管的聚能穴一致朝向炮眼口。起爆时起爆药包的爆轰波传播方向由里向外。这样的起爆由于有利于克服炮眼底煤（岩）破坏时产生较大的钳制力，爆炸威力大。

反向起爆时，固体微粒飞过预先被气态爆炸产物所加热的瓦斯，就很容易使瓦斯点燃。而正向起爆则不同，飞散的炸药颗粒是向炮眼内部飞散的，不易引爆瓦斯，所以，在瓦斯煤尘爆炸危险的工作面，正向起爆比反向起爆安全性高。

装药前要清扫炮眼，并使药卷彼此密接

炮眼内存有煤、岩粉，容易发生瓦斯爆炸事故或爆破事故。

（1）炮眼内有煤、岩粉，使装入炮眼内的药卷不能紧靠在一起，或者装不到眼底，在药卷之间，药卷和眼底之间，存有一段煤、岩粉，影响炸药能量的传播，以致造成残爆、拒爆和爆燃留下残眼。

（2）煤粉是可燃物质，极易被爆炸火焰点燃，喷出孔外，有点燃瓦斯、煤尘的危险。

（3）若煤粉参与炸药的爆炸反应，改变了原有爆炸的氧平衡，成为负氧平衡，使爆生气体的一氧化碳量增高，影响人身健康。

装药时要用炮棍将药卷轻轻推入而不能捣实药卷

（1）煤矿井下目前普遍用的是硝酸铵炸药，如果用炮棍捣实，使炸药密度大于最佳密度，就会使炸药的敏感度降低，造成爆炸不完全，还可能出现爆炸中断而产生拒爆。

（2）用炮棍捣实药卷，会使药卷膨胀，直径加大，把药卷的防潮外皮捣破，当眼内有水时，使炸药受潮，影响炸药的爆破性能。

(3) 用炮棍捣实药卷，有可能捣破电雷管的脚线皮或捣断脚线，尤其危险的是有可能捣响雷管。

案例精选

通风系统不完善导致瓦斯爆炸事故

某煤矿是山西省洪洞县地方煤矿。1980 年 6 月 4 日，矿上决定从 6 月 7 日起转到西部采区第六顺槽掘进。这个顺槽已有四个月没生产，没有完善的通风系统，风流不通，瓦斯积聚。本应先检查瓦斯，加强通风，排除有害气体，然后作业，但是该矿领导没有这样做，而是仓促组织生产。8 日 11 时 20 分左右，当在六顺槽工作的工人将绞车、电线运到该顺槽 210 m 处时，由于电工带电作业，产生火花，引起瓦斯爆炸，当时在坑下西区工作的 26 名工人全部死亡。接着，在抢救中，由于没有组织指挥，造成混乱，工人自发冲下坑去抢救，又造成 4 人中毒死亡，50 多人中毒。

事故分析

(1) 通风系统不完善，测风制度不严格。各坑口完全依靠自然通风，从进风到回风采用一条龙大串联，贯通巷道密闭极差，根本形不成通风系统，工作面处于微风和无风状态，造成瓦斯大量积聚。没有进行严格的测风制度。机电设备基本上采用明刀闸，动力线破口很多，从巷道到工作面全部使用白炽灯，甚至还使用无灯口灯泡照明。放炮不用发爆器，而借用照明线电源明火放炮。各工种无操作规程，工作面无作业规程，整个生产基本上处于无组织的混乱状态。

（2）不尊重科学，不依靠技术人员，瞎指挥。该矿领导长期以来沿袭小生产的经营方式，凭搞小煤窑的狭隘经验指挥生产。

矿上仅有的4名大、中专院校毕业的技术人员都不被重用，采取重大生产技术措施不听取他们的意见，对经过专门训练的特殊工种作业人员任意调换。对职工很少进行安全技术教育，许多工人缺乏应有的煤矿安全知识，以致在抢险中，盲目蛮干，扩大了事故。

法规标准

《煤矿安全规程》中关于通风系统的有关规定

《煤矿安全规程》第一百零七条：“矿井必须有完整的独立通风系统。改变全矿井通风系统时，必须编制通风设计及安全措施，由企业技术负责人审批。”

第一百零四条：“矿井每年安排采掘作业计划时必须核定矿井生产和通风能力，必须按实际供风量核定矿井产量，严禁超通风能力生产。”

知识与技能

矿井通风系统

矿井通风系统是矿井通风方式、通风方法和通风网络的总称。

矿井通风系统是由通风机和通风网络两部分组成。风流由入风井口进入矿井后，经过井下各用风场所，然后进入回风井，由回风井排出矿井，风流所经过的整个路线称为矿井通风系统。

矿井通风方法以风流获得的动力来源不同，可分为自然通风和机械通风两种。①自然通风：利用自然气压产生的通风动力，致使空气在井下巷道流动的通风方法叫做自然通风。自然风压一般都比较小，且不稳定，所以《煤矿安全规程》规定：每一矿井都必须采用机械通风。②机械通风：利用扇风机运转产生的通风动力，致使空气在井下巷道流动的通风方法叫做机械通风。采用机械通风的矿井，自然风压也是始终存在的，并在各个时期内影响着矿井的通风工作，在通风管理工作中应给予充分重视，特别是高瓦斯矿井尤应注意。

矿井通风系统由影响矿井安全生产的主要因素所决定。根据相关因素把矿井通风系统划分为不同类型。根据瓦斯、煤层自燃和高温等影响矿井生产安全的主要因素对矿井通风系统的要求，为了便于管理、设计和检查，把矿井通风系统分为一般型、降温型、防火型、排放瓦斯型、防火及降温型、排放瓦斯及降温型、排放瓦斯及防火型、排放瓦斯与防火及降温型几种，依次为1～8八个等级。

案例精选

机电工带电作业引发瓦斯爆炸事故

某煤矿属高瓦斯矿井，发生瓦斯爆炸的左一顺槽，由自营工区三队和二采区掘进二队九组两头相对掘进。至2月7日，自营三队掘进长度达663 m，与九组掘进头相距39 m。根据矿上2月份安排，三队搬家，在搬家过程中，装运耙斗机的车辆在距左一顺槽出口 80 m 处撞倒棚子，致使左帮风筒从接口处断开。工作完后风筒没接好，也没有汇报。瓦检员连续三个班都未进该工作面检查。

2 月 10 日二班，自营工区机电段安排二人拆管子和绞车，14 时工人入坑，瓦检员漏检伪报，隐患未能及时发现。16 时 3 分机电工带电作业，产生火花，引发了瓦斯爆炸，死亡 48 人，伤 8 人。这是一起重大责任事故。

事故分析

（1）造成事故的直接原因是机电工带电作业，产生火花；拆运耙斗机撞倒棚子，断开风筒，使左一顺槽 37.5 h 无风，造成瓦斯积聚；瓦检员漏检伪报，隐患未能及时发现。

（2）矿领导对通风工作重视不够。通风区的干部工作不深入，瓦斯管理制度执行不严，通风管理混乱是造成这次事故的主要原因。

（3）机电管理薄弱。煤矿无主管机电的矿长，电机科机构调整后职责不清，电气专业化小组不齐，致使工人带电作业明火操作时有发生，也是造成这次事故的主要原因。

法规标准

《煤矿安全规程》中关于停风机听风后恢复通风的有关规定

《煤矿安全规程》第一百四十条：“矿井必须从采掘生产管理上采取措施，防止瓦斯积聚；当发生瓦斯积聚时，必须及时处理。

矿井必须有因停电和检修主要通风机停止运转或通风系统遭到破坏以后恢复通风、排除瓦斯和送电的安全措施。恢复正常通风后，所有受到停风影响的地点，都必须经过通风、瓦斯检查人员检查，证实无危险后，方可恢复工作。所有安装电动机及其开关的地点附近20 m的巷道内，都必须检查瓦斯，只有瓦斯浓度符合本规程规定时，方可开启。

临时停工的地点，不得停风；否则必须切断电源，设置栅栏，揭示警标，禁止人员进入，并向矿调度室报告。停工区内瓦斯或二氧化碳浓度达到3.0%或其他有害气体浓度超过本规程第一百条的规定不能立即处理时，必须在24 h内封闭完毕。

恢复已封闭的停工区或采掘工作接近这些地点时，必须事先排除其中积聚的瓦斯。排除瓦斯工作必须制定安全技术措施。

严禁在停风或瓦斯超限的区域内作业。”

案例精选

员工安全意识淡薄引发的瓦斯爆炸事故

2003年10月29日21时05分，某煤矿第14层掘进工作面发生瓦斯爆炸事故。造成死亡4人，估计直接经济损失150万元。

该矿通风方式采用抽出式通风，主扇安装在9号层竖井基座上，因该竖井是提升竖井，主扇开起来不起作用，所以大部分时间里该矿采用自然通风。井下使用一台11 kW的局扇给掘进工作面供风。但该风扇基本不启用，导致工作面瓦斯积聚超限，工人在未排放瓦斯的情况下，违章进入掘进工作面，并使用非防爆机动三轮车进行运输，三轮车在发动过程中，排气口喷火点燃积聚的瓦斯，并引起爆炸。

事故分析

1. 直接原因

该矿长时间不启用主扇，采用自然通风，掘进巷道内因长时间停电、停风，造成工作面瓦斯积聚超限，工人在未排放瓦斯的情况下，违章进入掘进工作面，并使用非防爆机动三轮车进行运输，三轮车在发动过程中，排气口喷火点燃积聚的瓦斯，并引起爆炸。

2. 间接原因

（1）该矿工人安全意识差，安全素质低下，在矿井长时间自然通风，掘进工作面风量不足的情况下，仍违章入井作业，违章使用非防爆机动三轮车入井运输。

（2）该矿分管安全生产及瓦斯检查的副矿长安全知识缺乏，安全意识差，在矿井长时间自然通风、工作面风量不足的情况下，违章指挥工人入井作业，长期不检查工作面瓦斯，恢复生产过程中未排放瓦斯。

（3）该矿矿长安全意识淡薄，安全生产管理混乱，对工人的违章作业未加制止。矿井聘用无证人员负责矿井安全、生产、瓦检等；特种作业人员数量严重不足；局扇违章使用塑料编织风筒，漏风严重。

（4）该矿在未取得有关部门的审批同意情况下，擅自进行技改工程，没有执行有关部门下达的停止技改工程和停产的指令。

(5) 煤矿安全专项整治以来，一些小煤矿井下仍普遍使用非防爆机动三轮车和畜力运输，采掘作业方式未发生明显改变，实际工作中要求使用的防爆机动三轮因存在动力小等原因，大部分小煤矿没有使用，以上问题给事故埋下了隐患。

法规标准

《煤矿安全规程》中关于主要通风机安装和使用的有关规定

《煤矿安全规程》第一百二十一条规定："矿井必须采用机械通风。

主要通风机的安装和使用应符合下列要求：

(一) 主要通风机必须安装在地面；装有通风机的井口必须封闭严密，其外部漏风率在无提升设备时不得超过5%，有提升设备时不得超过15%。

(二) 必须保证主要通风机连续运转。

(三) 必须安装2套同等能力的主要通风机装置，其中1套作备用，备用通风机必须能在10 min内开动。在建井期间可安装1套通风机和1部备用电动机。生产矿井现有的2套不同能力的主要通风机，在满足生产要求时，可继续使用。

(四) 严禁采用局部通风机或风机群作为主要通风机使用。

（五）装有主要通风机的出风井口应安装防爆门，防爆门每 6 个月检查维修 1 次。

（六）至少每月检查 1 次主要通风机。改变通风机转数或叶片角度时，必须经矿技术负责人批准。

（七）新安装的主要通风机投入使用前，必须进行 1 次通风机性能测定和试运转工作，以后每 5 年至少进行 1 次性能测试。”

知识与技能

职工安全意识淡薄的客观因素

（1）管理不严。有的单位规章制度不完善、不健全；有的有章不循或无章可循；有的反“三违”宣传不到位，惩处不力，结果导致“三违”多次发生。

（2）安全培训不到位。没有按规章建立培训制度和考核制度，没有坚持先培训后就业、先培训后上岗的原则。职工缺乏必要的安全技术知识和操作技能，没有安全意识。

（3）思想政治工作不力，关心职工物质生活和精神生活不够。有的职工有后顾之忧，如婚姻家庭、住房问题、心理负担较重等，使人精神疲惫。

（4）作业环境差。场地狭窄、通风不良、光线不足、设备简陋等，都会使人产生厌烦心理，影响作业行为。

（5）外界因素的干扰。如邻近的小煤矿发生事故，自己产生恐惧心理，畏难情绪；市场不景气，拖欠工资，致使心情不畅等，都会影响职工心理稳定。

（6）领导指挥有误或设计上有缺陷，导致工人违章操作等。

管理经验

安全生产教育培训制度

教育和培训按等级、层次和工作性质分别进行，管理人员的重点是安全生产意识和安全管理水平，操作者的重点是遵章守纪、自我保护和提高防范事故的能力。

（1）煤矿井下电工、焊工等特殊工种工人，除进行一般安全教育外，还要经过本工程的专业安全技术教育。

（2）采用新工艺、新技术、新设备施工和调换工作岗位时，对操作人员进行新技术、新岗位的安全教育。

安全教育和培训的形式

1）岗位教育。岗位教育是新工人分配到班组后，开始工作前的一级教育。教育内容如下：

①本人从事生产工作的性质，必要的安全知识，机具设备及安全防护设施的性能和作用；

②本工种安全操作规程；

③班组安全生产、文明施工基本要求和劳动纪律；

④本工种事故案例剖析、易发事故部位及劳防用品的使用要求。

2）特种作业人员培训。除进行一般安全教育外，还要执行有关特种作业考核管理规定，按国家、行为、地方和企业规定进行本工种专业培训、资格考核，取得《特种作业人员操作证》后上岗。

3）班前安全活动。班组长在班前进行上岗交流，上岗教育，做好上岗记录。

①上岗交底。交当天的作业环境、气候情况、主要工作内容和各个环节的操作安全要求，以及特殊工种的配合等。

②上岗检查。查上岗人员的劳动防护情况，每个岗位周围作业环境是否安全无患，机械设备的安全保险装置是否完好有效，以及各类安全技术措施的落实情况等。

案例精选

风筒漏风检测不力导致瓦斯爆炸事故

2003 年 12 月 27 日，某煤矿发生一起重大瓦斯燃烧事故，死亡 4 人、重伤 2 人。直接经济损失 70 万元。

2003 年 12 月 27 日 10 时左右，该煤矿夜班工人和早班工人正在井下掘进工作面办理交接手续，夜班工人正准备升井，而早班工也相继到达掘进巷道内，两班工人在掘进工作面的巷道内相遇。约 10 时 20 分，安全生产副矿长刘某在走到距离掘进头 15 m 的一盲巷处，发现煤电钻电缆搭在轨道上影响过矿车，他便将电缆向巷道的一侧拖动，此时在刘某身旁的带班班长张某（事故中受重伤）看到在电缆与轨道接触处突然产生一股火焰，之后他便失去知觉，过了一会儿，他醒来了，听到刘某身上的瓦斯报警仪仍发出报警声，他艰难地爬到车场内脱险。与此同时，在地面煤台处的翻车工李某和在井口附近的其他工人看到从主井和风井井口均冒出黑烟。事故发生后，该矿技术员耿某、瓦检员狄某佩戴自救器立即组织工人入井抢救，他们一边用新风筒向掘进巷内恢复通风，一边救人，于当日 13 时，将 2 名受伤者救出，将 4

名遇难者全部运出。

事故分析

（1）该矿为高瓦斯矿井，因局扇风筒漏风严重，掘进工作面有效风量不足，造成掘进工作面瓦斯积聚超限。

（2）该矿掘井工作面内煤电钻电缆严重失爆，工人在拖动煤电钻电缆时，产生电火花点燃积聚的瓦斯。

知识与技能

风　筒

风筒是用于引导风流的圆形筒体局部通风装置。它通常与局部扇风机（下称局扇）配合使用。依据制造风筒的材料，风筒分为柔性风筒和刚性风筒。前者用塑料布、人造革和橡胶布等制成，质量轻，连接和悬吊较方便，但只能与局扇的出风口相连接，承受正压；后者由金属和硬质塑料等制成，重量大，不便搬运和安装，可与局扇的进、出风口相连接。

风筒的选用

风筒风阻的大小对局扇选型有很大影响。选择局扇时，不仅要考虑摩擦风阻，还要考虑风筒接头处和拐弯处的局部风阻。为降低风筒风阻，风筒内壁应光滑，安装时应保持平直，尽量减少接头和拐弯次数。风筒直径一般为 300～600 mm，直径越大，风阻越小。

风筒漏风不仅影响有效风量，还影响风流质量。刚性风筒的漏风主要出现在风筒接头处，柔性风筒不仅接头处漏风，其全长都可能漏风。为减少漏风，应提高风筒的连接质量和选择气密性好的柔性风筒。此外，局扇应有一定的备用风量。百米长风筒的风量备用系数可取 1.05～1.25。

案例精选

工作面有效风量不足导致煤矿瓦斯爆炸

某煤矿瓦斯等级为高瓦斯矿井，煤尘爆炸指数为 32%～38%，属有煤尘爆炸危险矿井。发生事故采区，1990 年 3 月末开始投产。采区通风方式采用串联通风。1990 年 4 月 15 日，皮带井的入井 11 号高压电缆出现短路故障，停电处理，6 时 40 分将 18 号高压电缆投用。10 时 30 分，18 号高压电缆也发生短路故障，造成双回路高压电缆全部停电。停电后人员没有全部撤离。架线电机车进入采区石门后，集电弓和架线接触产生电火花引起瓦斯爆炸事故，造成 30 人死亡，15 人受伤，直接经济损失 80 万元。

事故分析

1. 直接原因

由于两趟入井高压电缆相继短路，造成工作面有效风量不足，导致瓦斯积聚，架线电机车启动产生火花，引起瓦斯爆炸。

2. 间接原因

（1）机电管理混乱。接线头不符合操作规程的规定，两趟入井高压电缆不能单独担负井下全部负荷。

（2）生产管理混乱。故障处理缺乏统一指挥，组织管理混乱。专业系统之间不协调，分工过细。

法规标准

《煤矿安全规程》中关于瓦斯矿井中使用机车运输的有关规定

《煤矿安全规程》第一百七十二条："高瓦斯矿井进风的主要运输巷道内使用架线电机车时，装煤点、瓦斯涌出巷道的下风流中必须设置甲烷传感器。"

第三百四十七条："瓦斯矿井中使用机车运输时，应遵守下列规定：

（一）低瓦斯矿井进风（全风压通风）的主要运输巷道内，可使用架线电机车，但巷道必须使用不燃性材料支护。

（二）在高瓦斯矿井进风（全风压通风）的主要运输巷道内，应使用矿用防爆特殊型蓄电池电机车或矿用防爆柴油机车。如果使用架线电机车，必须遵守下列规定：

1. 沿煤层或穿过煤层的巷道必须砌碹或锚喷支护；

2. 有瓦斯涌出的掘进巷道的回风流，不得进入有架线的巷道中；

3. 采用碳素滑板或其他能减小火花的集电器；

4. 架线电机车必须装设便携式甲烷检测报警仪。

（三）掘进的岩石巷道中，可使用矿用防爆特殊型蓄电池电机车或矿用防爆柴油机车。

（四）瓦斯矿井的主要回风巷和采区进、回风巷内，应使用矿用防爆特殊型蓄电池电机车或矿用防爆柴油机车。

（五）煤（岩）与瓦斯突出矿井和瓦斯喷出区域中，如果在全风压通风的主要风巷内使用机车运输，必须使用矿用防爆特殊型蓄电池电机车或矿用防爆柴油机车。”

知识与技能

矿井有效风量率

矿井有效风量率为井下所有独立回风的用风点（如采掘工作面、硐室）以及其他巷道实际得到的风量之和与主扇的工作风量之比的百分数。

它是衡量矿井通风技术管理水平和采区供风情况的指标。一般要求有效风量率应大于85%。

有效风量率过低不仅浪费了通风用电，而且不能保证供风，威胁矿井安全生产。因此，要求在设计施工和生产管理等各方面都应尽量减小漏风，提高矿井有效风量率。

串联通风的危害

串联通风是指风流经过用风地点或区域后，不排入回风系统而进入另一用风地点的通风方式。其主要害处有：①前一个工作面的瓦斯、二氧化碳、炮烟、粉尘及其有毒有害气体被带入下一个工作面，故使被串联的工作面的空气质量下降；②串联通风风路比并联要长，风阻大，影响采区供风量；③一旦发生火灾、瓦斯（煤尘）爆炸或煤与瓦斯突然事故，会扩大灾害范围，因此必须对使用串联通风的条件加以限制。

案例精选

井下违章修理矿灯导致瓦斯爆炸

某煤矿立井西一采区瓦斯涌出量为 13.77 m^3/min，鉴定为高瓦斯矿井。事故发生在西一采区 146 采煤工作面。该工作面生产管理混乱，多工种作业无统一指挥，停电、停风频繁，机电检修无计划，排放瓦斯无措施，瓦检员提前升井时有发生。安全知识教育差，井下工作人员缺乏通风、救灾知识。

1985 年 10 月 6 日 7 时 30 分，副井长李某某主持生产会议并布置任务：一是从 20 kW 绞车处往煤仓口装运两台电动机；二是对接平巷的两台溜子。同时安排机电段党支部书记带领 5 人去 146 工作面上巷接主机负荷线；维修队副队长全某某等 8 人到 146 工作面下巷铺平巷溜子。当班全部入井 96 人。进入 146 工作面 48 人，于 9 时入井，10 时按分工开始工作。11 时 55 分发生瓦斯爆炸事故，死亡 36 人，伤 1 人。

事故分析

（1）因停电停风造成瓦斯积聚，风门打开风流反向，工人在井下修理矿灯产生火花，引起瓦斯爆炸。

（2）生产管理混乱。表现在采煤工作面搬家，多工种作业无统一指挥，停电、停风频繁，机电检修无计划，排放瓦斯无措施，瓦检员提前升井。

（3）通风管理漏洞多，设施不完善。废旧大巷未设永久密闭，瓦斯窝子未能得到及时消除，风门只设一道，造成风流反向。

(4) 机电管理混乱，停电无措施，井下机电工人随意打开矿灯。

(5) 安全知识教育差，井下工作人员缺乏通风、救灾知识。

知识与技能

矿灯应用管理制度

(1) 矿井完好的矿灯总数，至少应比经常用灯的总人数多10%。

(2) 矿灯应集中统一管理。每盏矿灯必须编号，经常使用矿灯的人员必须专人专灯。

(3) 矿灯应保持完好，出现电池漏液、亮度不够、电线破损、灯锁失效、灯头密封不严、灯头圈松动、玻璃破裂等情况时，严禁发放。发出的矿灯，最低应能连续正常使用11 h。

(4) 严禁使用矿灯人员拆开、敲打、撞击矿灯。人员出井后（地面领用矿灯人员，在下班后），必须立即将矿灯交还灯房。

(5) 在每次换班2 h内，灯房人员必须把没有还灯人员的名单报告矿调度室。

(6) 矿灯必须装有可靠的短路保护装置。高瓦斯矿井应装有短路保护器。

(7) 井下工作中矿灯突然熄灭时，使用人员决不能私自打开维修。必须在其他工作人员的帮助下，一同将矿灯送回地面灯房维修。如果在井下矿灯线被扯断，使用人员要立即用绝缘体将线头包好，绝不能私自在井下作业点连接矿灯线。另外，矿灯的灯泡如果损坏，也不能私自在井下打开矿灯、更换灯泡，以免引起瓦斯爆炸。

管理经验

矿用设备、器材使用管理制度

（1）井下所使用的一切防爆电气设备（包括五小电器）必须经过防爆检查其安全性能，取得合格证后方准入井，否则一律不准入井。

（2）对新进的防爆防备，必须认真逐项检查，验收、合格后方可入井。

（3）对验收合格的防爆设备，应有记录，其内容包括设备型号、设备编号、设备验收情况、设备检修人、设备验收人，设备验收时间。

（4）防爆合格证有效期为一年，长期使用超过有效期的设备，防爆检查员应重新检验。

（5）井下防爆设备的安装，必须按照防爆和完好标准进行，对没有合格证的设备一律不允许安装。

（6）定期对开闭锁继电保护装置、计量仪器进行检验和整定，其检验周期为一年。

（7）避雷器、地面电气设备接地及防雷保护用的所有接地装置，每年雷雨季前测试一次。

（8）各类电器检验保护装置的绝缘耐压试验，每四年进行一次。

(9) 新装、大修变压器后必须进行检测。

(10) 井下高压设备继电保护装置，每季应根据短路电流和负荷变化进行一次整定值检查，每年进行一次定期检验。

(11) 各种保安用具（绝缘手套、绝缘鞋、绝缘台、拉杆、高压验电笔、放电棒、绝缘夹）使用中每年进行一次试验。

(12) 计量仪表每两年检验一次。

(13) 矿井主要设备（主扇、水泵、绞车）每年进行一次检验、测试。

(14) 高压电缆的泄漏和耐压试验每年进行一次。

(15) 井下低压开关继电保护每季检验整定一次，负荷变化时应及时整定。

(16) 井下接地网电阻每季测定一次。

(17) 主提升机，主扇风机，主排水泵、人车罐笼等除日检外，还要定期检修、月检、半年检，其周期按有关规定进行。

(18) 加强机电设备的运行与维修保养，建立健全各种规章制度。

案例精选

降尘技术不完善导致煤尘爆炸事故

某矿发生事故的327掘进巷道为某矿井最边远一个回采工作面的运输顺槽。矿井煤尘爆炸指数31.1%，属低瓦斯矿井。

1988 年 5 月 14 日，该矿北下山采区 327 正巷掘进工作面被 323 放水巷涌出的采空水淹没。16 日开始清理维修巷道，19 日排除积水。29 日该巷道恢复掘进工作。29 日早班，在 327 正巷工作的掘进一队带班班长刘某某在班前会上要求派放炮员下井放炮，并在安排了工作后带 11 人于 6 时 45 分入井。8 时左右，北下山采区范围内当班工作的 57 名工人全部到达了工作地点。

9 时 7 分，矿调度室接到北下山采区 321 工作面的一名刮板运输机司机的电话报告，得知井下发生了瓦斯煤尘爆炸事故。这起事故死亡共计 50 人，经济损失 159 万元。

事故分析

（1）327 正巷通风管理混乱，跑风漏风现象严重，风筒出口几乎处在无风状态，造成巷道内部瓦斯积聚。跟班班长打开了距巷道口 80 m 处防爆开关，带电操作产生了火花，引起瓦斯爆炸。

（2）该矿煤尘爆炸指数高达 31.1%，但井下洒水设施长期不用，致使积尘严重。瓦斯爆炸后冲击波将 327 正巷、北下山溜子巷、325 副巷以及工作面的煤尘吹起，并参与了燃烧。井下作业人员没有佩戴自救器，事故发生后，不能自救，使伤亡扩大。

（3）瓦检员不按规定检测瓦斯，空班漏检。井下机电设备失爆严重，完好率低。职工劳动纪律松弛，有章不循，违章作业严重。

法规标准

《煤矿安全规程》中关于入井人员的有关规定

《煤矿安全规程》第十条："入井人员必须戴安全帽、随身携带自救器和矿灯，严禁携带烟草和点火物品，严禁穿化纤衣服，入井前严禁喝酒。

煤矿企业必须建立入井检身制度和出入井人员清点制度。"

第十七条："掘进井巷和硐室时，必须采取湿式钻眼、冲洗井壁巷帮、水炮泥、爆破喷雾、装岩（煤）洒水和净化风流等综合防尘措施。

冻结法凿井和在遇水膨胀的岩层中掘进不能采用湿式钻眼时，可采用干式钻眼，但必须采取捕尘措施，并使用个体防尘保护用品。"

知识与技能

煤尘爆炸的主要特性

(1) 压力和热力大。煤尘爆炸所造成的压力和热力，并不亚于瓦斯爆炸，有时还会大大地超过瓦斯爆炸。距离火源较近的地点压力约为 1.5 kg/cm^2，距离火源较远地点 (150～200 m) 压力约为 5～10 kg/cm^2，甚至可达 30～40 kg/cm^2。但在另一种情况下，它又只表现在爆炸形式的燃烧，火焰在煤尘尘云中的扩大、蔓延程度比较慢，而成为一种"平衡火焰"。

（2）蔓延速度快。煤尘爆炸的蔓延速度和压力，会随着远离火源而加大。试验中得出的结果是，距离引燃点 50 m 处的传播速度为 20～50 m/s。

（3）易扩大化。井下煤尘爆炸，遇到巷道曲折和断面不一致而受到阻碍时，会立即转为剧烈的爆炸。经试验证明，只要在平巷加上一个 15 cm×15 cm 的角铁或用其做成的铁环，爆炸压力就能提高 8～10 倍，爆炸速度就能提高 2～3 倍。

煤尘爆炸还会产生大量的一氧化碳。爆炸后一氧化碳的含量，一般的可达到 5%～6%，有时还会更多些，矿井煤尘爆炸事故中的遇难者，有 70%～80%是由于这种气体中毒造成的。

管理经验

日监测、周报告、月分析制度

（1）企业要针对煤矿的实际制定和完善煤矿采掘作业规程，并且按照规程要求切实加强有关管理人员的责任，真正按照规程操作。

（2）每一个生产企业都要按照有关的法律法规制定和落实各项规章制度，真正做到“日监测、周报告、月分析”。日监测，即每天企业现场管理人员对每一个生产环节、每一时段生产过程都要做到监测管理，及时发现和纠正各种违章行为，同时保证做到工人不出井、管理人员不下班。改变以前管理人员只上半天班或者不跟班作业的问题。同时对每天的工作情况都要做到有书面记载，并报告有关矿领导。周报告，即主管安全生产的副矿长要将每一周的工作情况及时梳理、总结，并报告给矿长以及有关的主管部门。月分析，即企业矿长每月要召集有关的人员对当月安全生产情况进行认真的分析，对存在的问题提出整改的意见，并安排下月工作，真正做到安全生产心中有数。

矿井粉尘预防制度

(1) 采取放炮使用水炮泥、装岩洒水、冲洗巷帮等综合防尘措施。

(2) 采煤机无水不割煤、掘进碛头无水不钻眼、装岩。

(3) 集中产生煤尘点、装车点、转载点进行喷雾洒水降尘，定期清洗（扫）巷道积尘。大巷和皮带运输巷定期进行冲尘。

(4) 加强个体劳动保护，喷浆工必须使用自吸过滤式防尘口罩，其他下井人员必须使用尼龙防尘口罩。

(5) 通修队负责每月对井下各产尘点进行粉尘浓度测定。每天对采面回风巷进行扫尘；每年对采区回风巷、总回风巷等巷道进行二次全断面冲洗。

案例精选

非法开采、强行作业导致瓦斯煤尘爆炸事故

某煤矿属镇办集体煤矿，该矿煤层有自然发火倾向，自然发火期 3～6 个月。煤尘有强爆炸性，爆炸指数为 33.8%，按低瓦斯矿井管理。

1998 年 12 月 12 日 8 点班，该矿入井 101 人，其中主

井61人，副井40人。12月11日下午4点班，发现1号工作面防火墙向外冒烟，12日8点班安排打一道防火墙，7时30分郑某某到1号工作面确定防火墙位置，发现迎头冒顶严重，决定距原密闭墙向15 m处打防火墙。8时10分许，班长范某某在1号工作面安排本班工人打密闭墙。约10时许，冒顶处高顶瓦斯发生爆燃，高温冲击波将正在1号工作面工作的邓某某等6人烧伤，在井下工人的帮助下，6名伤员很快升井，并送往医院。矿辅助救护队下井处理火区，主井人员都撤到运输大巷休息。11时35分，井下发生瓦斯煤尘爆炸，当时井下有76人，其中10人受伤，66人遇难。

事故分析

（1）矿井没有形成全负压通风系统，井下多个采掘面靠局部通风机通风。自1998年12月11日副井封闭后，通风阻力增加，回风不畅，副井采掘工作面局扇打循环风，瓦斯聚积，4号工作面电缆短路，产生火花，瓦斯爆炸，同时引起煤尘爆炸，是这起事故的直接原因。

（2）非法开采，强行作业是这起事故的主要原因。

该矿在没有取得煤炭生产许可证的情况下，自10月到事故发生，非法组织生产。

该矿设计能力1万吨/年，为了挣钱，不顾井下安全条件，组织大量工人下井，严重超强度开采，风量严重不足，违章指挥，冒险作业（仅主井自10月到事故发生，生产煤炭1.41万吨）。

法规标准

《煤炭法》中关于从事煤炭生产的有关规定

《煤炭法》第22条："未取得煤炭生产许可证的，不得从事煤炭生产。"

知识与技能

矿井瓦斯等级的划分

矿井瓦斯等级是以相对瓦斯涌出量和绝对瓦斯涌出量的大小来划分的。《煤矿安全规程》规定，在一个矿井中，只要有一个煤（岩）层发现瓦斯，该矿井即定为瓦斯矿井，并依照矿井瓦斯等级工作制度进行管理。

矿井瓦斯等级，根据矿井相对瓦斯涌出量、矿井绝对瓦斯涌出量和瓦斯涌出形式划分为：

（1）低瓦斯矿井。矿井相对瓦斯涌出量小于或等于10 m^3/t且矿井绝对瓦斯涌出量小于或等于40 m^3/min。

（2）高瓦斯矿井。矿井相对瓦斯涌出量大于10 m^3/t且矿井绝对瓦斯涌出量大于40 m^3/min。

（3）煤（岩）与瓦斯（二氧化碳）突出矿井。

矿山企业"五证七图"

五证：采矿许可证；矿山安全条件合格证；矿山企业矿长安全资格证；工商营业执照；特种作业人员资格证。

七图指：矿山总体布置图；井下、井上工程对照图；通风系统图；采掘工程平面图；矿山供电系统图；井下避灾线路图；水文地质图。

管理经验

严格执行矿井安全制度

（1）一定要深刻吸取事故教训，切实把煤矿安全生产当作重中之重抓紧抓好，要不折不扣地贯彻落实上级有关煤矿安全生产的法律、法规、政策和规定。坚决打击非法开采，彻底取缔无证矿井，采取有力措施，遏制事故发生。

（2）各部门一定要相互协作，各自履行好自己的职责，对非法开采和不具备起码安全生产标准的矿井要严防死守，确保不发生事故。

（3）各班组坚决贯彻落实《煤矿安全规程》，凡达不到要求的矿井一律不进行生产。坚决杜绝风井出煤和一矿两井分井承包的现象。要严格通风管理，在新建矿井没有形成通风系统之前，严禁开掘与贯通无关的工程。

（4）所有矿井都必须严格按设计生产能力进行生产，禁止超能力、高强度突击生产。要按科学规律办事，推广应用壁式采煤法，逐步淘汰老式采煤，提高安全标准，改善劳动条件，保障职工生命安全。

案例精选

掘进面防止瓦斯积聚措施不严引发瓦斯爆炸

铜川某煤矿为高瓦斯矿井。2001 年 4 月 6 日 21 时 14

分，该煤矿四采区皮带下山延伸段发生瓦斯爆炸事故，事故波及四采区轨道下山、四采区总回风下山及412综采放顶煤工作面等区域，造成38人死亡，16人受伤，其中重伤7人。

事故分析

皮带下山延伸巷道在掘进至74 m时绝对瓦斯涌出量达8 m^3/min，发生事故前已安设4台风机为其供风。现场勘察证实，四趟风筒均完好，说明在事故发生时四台风机没有正常通风。按绝对瓦斯涌出量8 m^3/min计算，如四台风机停风，在13 min内，整个掘进工作面的瓦斯浓度就可达到爆炸界限。

事故的直接原因是，该矿井是高瓦斯矿井，掘进工作面的瓦斯涌出量大，在掘进的过程中没有按《煤矿安全规程》的规定及时采取瓦斯抽放措施，致使工作面瓦斯时常超限。事故当班掘进工作面的风机没有正常运行，造成瓦斯积聚，并达到爆炸界限，由于电气设备短路产生火花而引起瓦斯爆炸。

知识与技能

掘进工作面瓦斯积聚原因与解决方法

1. 原因分析

(1) 局部通风机循环风引起积聚，由于循环风量回风部分或全部再进入同一通风机，当循环地进入掘进工作面时，不但不能稀释工作面的瓦斯浓度，反而会使瓦斯浓度逐渐增加，形成积聚。

(2) 局部通风机任意停开或无计划停风、停电引起的瓦斯积聚。

(3) 局部通风机管理不善，如风筒破口多、接头漏风大、风筒脱节、巷道瓦斯涌出量大或异常、局部通风机供风量小、不能有效稀释瓦斯引起积聚。

2. 解决方法

(1) 对于局部通风机循环风引起的瓦斯积聚，应先使全风压供给，该处的风量大于局部通风机的吸入风量，其次是局部通风机安装在进风流中，距回风口距离不小于 10 m。

(2) 对于局部通风机停开引起的瓦斯积聚，应做到无论工作或交接班时都不准停风。在高瓦斯矿中，配备双风机、双电源、双开关，同时安设风电闭锁和瓦斯电闭锁装置。

(3) 对于局部通风管理不善引起的瓦斯积聚，应加强风筒管理，保证风筒吊挂平稳直。采用与巷道断面、长度相匹配的风机，保证风量与风速符合作业规程。

防止瓦斯积聚的措施

(1) 加强通风。使瓦斯浓度降低到《煤矿安全规程》规定的浓度以下，即采掘工作面的进风风流中不超过 0.5%，回风风流不超过 1%，矿井总回风流中不超过 0.75%。

(2) 加强检查工作。及时检查各用风地点的通风状况和瓦斯浓度，查明隐患进行处理，是日常进行瓦斯管理的重要内容。我国所用的甲烷检测仪器有：光学甲烷检测器、热放式甲烷检测器、甲烷警报器和甲烷遥测警报仪等。20 世纪

90年代以后使用比较先进的TX系列智能便携式气体监测仪和遥测仪器等。

（3）对瓦斯含量大的煤层，进行瓦斯抽放，降低煤层及采空区的瓦斯涌出量。

管理经验

矿井瓦斯预防制度

（1）加强通风、监控装备投入，确保通风、监控装备完好运行，积极引进新的通风、瓦斯防治技术和瓦斯抽放设备，进行矿井通风技术创新，从源头上防止瓦斯超限。

（2）加强矿井通风系统、通风设施的检查管理，确保矿井通风系统完好，主要通风设施要有一定备用量，瓦斯监测、监控设备运行可靠。必须杜绝由于瓦斯检查、监测、监控仪器、设备和通风设施故障造成瓦斯积聚（超限）未能及时检测出而导致矿井瓦斯灾害的情况。

（3）每年进行一次矿井反风演习，在矿井发生瓦斯灾害时根据灾区影响情况及时反风，以减少矿井瓦斯灾害影响范围，为灾变时人员安全撤离提供尽可能多的时间，同时减少灾害损失。

（4）加强对周边小煤矿的监测，取得准确的资料，为矿井后期开采的矿井瓦斯防治和通风管理提供依据。

（5）加强对矿井周边及井田范围内已经关闭的老窑采空区的提防。

（6）所有采掘工作面，设专人经常检查瓦斯和二氧化碳。

(7) 井下所有地点放炮，都必须严格执行“一炮三检”和“三人连锁放炮制”。并有记录可查。

(8) 掘进巷道贯穿时，必须制订专门的措施，贯穿两头的瓦斯浓度必须在措施规定的范围内。

(9) 对井下职工进行矿井瓦斯灾害避灾技术培训，使每一个职工都知道本工作地点的避灾路线，以及本区域或矿井受瓦斯灾害后自己的行动要求。

(10) 掘进工必须提高对老窑瓦斯危害的认识，在接近老窑采空区和本矿井采空区时提高警觉，遇到异常情况（煤、岩松软、湿润异常，或钻孔内有大量瓦斯或水渗出）不能慌乱，必须立即停止作业，将钻杆固定在孔内，将人员撤退到大巷内，向调度站汇报并听从调度站安排。如果瓦斯沿钻孔大量涌出，无法控制，则立即启动救灾程序，按发生矿井瓦斯灾害处理。

(11) 工程技术人员必须提高警惕，在预计可能出现矿井瓦斯灾害的区域，必须认真调查研究，及时制订可靠的技术安全措施，确保矿井安全生产。

(12) 坚持瓦斯超限就是事故的原则。坚持瓦斯超限不间断处理原则。瓦斯未降到1%以下时，严禁生产。

(13) 建立完善合理的通风系统，实行分区通风和独立通风。坚持开好每月一次的“一通三防”工作会，不断优化通风系统，消除微风巷道，使通风系统稳定可靠。

(14) 加强巷道维修，扩大巷道断面，改善通风状况。井下所有人员，必须爱护通风设施。

(15) 矿井出现临时停风、停电严格按照矿井临时停风停电管理办法执行。

（16）瓦斯检查员要坚守岗位，按指定地点和时间进行检查，严禁空班漏检、假检、虚报瓦斯浓度。巡回瓦检员认真进行巡回检查，特别要注意对死角的检查，杜绝漏检和检查不到位。

（17）瓦斯监控系统，必须做到监测准确、断电可靠。掘进面实行“三专两闭锁”，采面实行瓦斯电闭锁。

（18）加强机电设备防爆完好管理，杜绝失爆。加强机电设备维护管理，降低机电事故率，减少临时停风、停电。

案例精选

煤矿未按照规程实施爆破导致瓦斯爆炸

2005 年 10 月 3 日 4 时 36 分，河南省某集团二矿发生特别重大瓦斯爆炸事故，造成 34 人死亡，19 人受伤（其中重伤 1 人），直接经济损失 801 万元。

该集团属省属企业，二矿隶属于该集团。2003 年已列入破产关闭计划，正在做前期准备工作。该矿属高瓦斯矿井。在开采过程中，工人违反作业规程，打眼工违章施工，炮眼深度不合格，验收员不按要求验收，放炮员在炮眼质量不合格的情况下违章放炮，引起附近采空区内积聚的瓦斯爆燃、爆炸。

事故分析

1. 事故直接原因

工人违反作业规程，违章放炮，引起附近采空区内积聚的瓦斯爆燃、爆炸。

2. 事故的主要原因

打眼工违章施工，炮眼深度不合格，验收员不按要求验收，放炮员在炮眼质量不合格的情况下违章放炮。

法规标准

《煤矿安全规程》中关于炮眼深度和炮眼的封泥长度的有关规定

《煤矿安全规程》第三百二十九条："炮眼深度和炮眼的封泥长度应符合下列要求：

（一）炮眼深度小于 0.6 m 时，不得装药、爆破；在特殊条件下，如挖底、刷帮、挑顶确需浅眼爆破时，必须制定安全措施，炮眼深度可以小于 0.6 m，但必须封满炮泥。

（二）炮眼深度为 0.6～1 m 时，封泥长度不得小于炮眼深度的 1/2。

（三）炮眼深度超过 1 m 时，封泥长度不得小于 0.5 m。

（四）炮眼深度超过 2.5 m 时，封泥长度不得小于 1 m。

（五）光面爆破时，周边光爆炮眼应用炮泥封实，且封泥长度不得小于 0.3 m。

（六）工作面有 2 个或 2 个以上自由面时，在煤层中最小抵抗线不得小于 0.5 m，在岩层中最小抵抗线不得小于 0.3 m。浅眼装药爆破大岩块时，最小抵抗线和封泥长度都不得小于 0.3 m。"

知识与技能

放炮事故的四种主要类型

第一类：放炮引起煤尘爆炸事故。大于 90%以上的煤尘爆炸事故是放炮引起的。放炮是引起煤尘爆炸事故的第一因素。其主要原因就是放炮前没有除尘，放炮时没有喷雾，一次放炮后，接连再放炮，放明炮、糊炮。

第二类：放炮引起瓦斯爆炸事故。这类事故中放炮引起的占了 60%以上的比例。

第三类：放炮本身造成的伤亡事故。主要指放炮人员没有撤出，炸死人员。

第四类：放炮引起的突水、瓦斯和煤层突出事故。

管理经验

爆破器材使用管理制度

（1）对爆品一定要包装严密，专车运输，不得混装其他物品。出库时要严格清点验证，入库时也要当面核实，发现短缺，变质等问题，要当即追查。

（2）装卸爆品要轻装轻放，火药、雷管要分车装运。车辆必须由专人押送，严禁烟火，防止意外爆炸。

（3）爆品的储存仓库要设在安全地点，库区设置围栏、排水沟和消防装置、避雷装置、报警装置、防爆装置、防盗、防洪、防爆。

（4）库内要保持通风干燥，温度适应，不得存放其他易爆物品。

(5) 库存量以适当时间为适，不得超储，爆品要摆放整齐，不得乱扔乱放，经常验库，入库出库按产品时间依次定期轮库，防止变质。

(6) 严禁无关人员进入库区，禁止在库区使用烟火。

(7) 井下使用的雷管、火药必须由放炮员亲自携带爆破证和出库单领取，保管员随时登记入账，否则保管员拒付。

(8) 火药雷管必须直接带到工作场地，分别装入火药箱、雷管箱内，放在避开电气设备、顶板稳定的安全地点，不得随意乱放。

(9) 装配引药，必须在顶板完好、支架完好、支架完整、避开电气设备和导体的工作地点进行，严禁坐在导电物体上。

(10) 装炮药时，无关人员退出现场，专由放炮员操作，必须严守操作规程，放炮时要把剩余爆品安置在警戒线以外的安全地点。所有人员隐蔽好后，由放炮员按规程起爆。

(11) 每次放炮，放炮器钥匙由爆破工随身携带。

(12) 每班放炮后，由放炮员、安全员、班长负责清点雷管、炸药，当即登记入账，有余办退库。

案例精选

煤矿排放瓦斯能力不足导致瓦斯爆炸

某煤矿为独眼井多头生产，某日，该矿地面 11 kW 局扇停风，约 2 h 后机电人员买来一台 5.5 kW 的局扇并安装好，恢复了通风。16 名工人下井后，测量瓦斯浓度为

5.5%，矿工小王上井找矿长，说："井下瓦斯太高，是不是让工人上井等一等再下井。"矿长说："你们先凑合着干一班，我马上派人再去买风机。"小王说："这事人命关天，怎么能凑合呢，我可不敢下去。"矿长说："你是领导还是我是领导，听我的，先下去干活，要不就扣你这个月的奖金。"小王只好下井工作。5 h后，井下发生瓦斯爆炸事故，包括小王在内的16名矿工全部遇难，直接经济损失85万元。

事故分析

1. 事故的直接原因

11 kW的局扇被更换为5.5 kW的局扇后，通风能力不够，不能有效排放瓦斯，造成井下瓦斯严重超限。

2. 事故的间接原因

(1) 该矿矿长赚钱心切，急功近利，急于出煤，不顾工人的建议，明知井下瓦斯严重超限，达到爆炸浓度，还强令工人冒险作业。同时，当工人向矿长提出"等一等再下井"的建议时，矿长非但不接受建议，还威胁要扣发奖金。这是一种严重的违法行为，应当依法承担相应的法律责任。

(2) 从业人员法律意识淡薄、安全意识差。

法规标准

《安全生产法》中关于生产经营单位责任的有关规定

《安全生产法》第四十六条："从业人员有权对本单位安全生产工作中存在的问题提出批评、检举、控告；有权拒绝违章指挥和强令冒险作业。

生产经营单位不得因从业人员对本单位安全生产工作提出批评、检举、控告或者拒绝违章指挥、强令冒险作业而降低其工资、福利等待遇或者解除与其订立的劳动合同。”

知识与技能

局扇排放瓦斯方法

（1）扎风筒法。在启动局扇前先把局扇前的风筒扎起来，只留小孔，开动局扇，向工作面供风。瓦斯在巷道整体向外推移。进入全风压处被稀释，扎风筒的大小按瓦斯量大小确定。排完瓦斯再把扎风筒处全打开。

（2）挡局扇法。在启动局扇前用木板或皮带把局扇挡上一部分，再启动局扇，根据瓦斯情况确定挡的部分的大小，等到排完瓦斯把挡板或皮带移开。

（3）设三叉风筒排瓦斯。在局扇前设一个三叉风筒，一个叉向工作面供风，另一个叉平时正常通风时扎严不许漏风，遇到需要排瓦斯时把三叉打开，再启动局扇，一部分新风供向工作面，一部分新风在三叉处出来直接进入回风巷道。工作面风流也是把巷道的瓦斯向外推移到全风压处再稀释，根据瓦斯情况，控制三叉处风量，直到排完瓦斯把三叉风筒漏风扎严。

（4）断开风筒法。在启动局扇前，排瓦斯人员向工作面方向检查瓦斯，在瓦斯浓度达到1%处，将风筒断开，直接启动局扇。根据瓦斯浓度将风筒半对接，一人在断开风筒后方5～10 m处检查瓦斯，浓度不准超过1.5%，超过了就把风筒移开一些，多些新风，浓度降下来就把风筒多对上点儿，如此反复直到瓦斯不超就全部接上风筒。

预防事故的发生的基本原则

预防事故的发生的基本原则主要有以下四条：

（1）事故可以预防。在这种基础上，分析事故发生的原因和过程，研究防止事故发生的理论及方法。

（2）防患于未然。事故与后果存在着必然性关系，积极有效的预防办法可防患于未然。

（3）根除可能的事故原因。任何事故的出现，总是有原因的。为了使预防事故的措施有效，首先应对事故进行全面的调查和分析，准确地找出直接原因和间接原因。所以，有效的事故预防措施，来源于深入的原因分析。

（4）全面治理的原则。这是指引起事故的各种原因之中，技术原因、教育原因和管理原因是三种最重要的原因，必须全面考虑，缺一不可。预防这三种原因的相应对策为技术对策、教育对策及管理对策，这是事故预防的三根支柱，发挥这三根支柱的作用，事故预防可以取得满意的效果。如果只是片面地强调某一方面，事故预防的效果就不好。

案例精选

井下爆破母线乱接导致瓦斯爆炸

某矿为高瓦斯矿井。

1991 年 1 月 2 日 23 时 30 分，由零时班值班井长韩某某主持班前会，23 时 40 分工人陆续入井。

23 时 53 分，零时班工人于某某等四人入井走到绞车道

50 m 处的联络巷时，听到下面一声巨响，棚子发生倒塌，预感发生事故，便迅速升井。与此同时，在主扇房准备入井的工人王某某听到响声，估计发生瓦斯爆炸事故，立即报告值班井长韩某某，韩某某马上到井口堵截工人不让下井，并向上级作了报告。此次瓦斯爆炸事故，死亡 53 人，伤 12 人。

事故分析

1. 直接原因

右 9 路平巷掘进上山时，由于维修更新不善，致使距工作面 70 m 左右的风筒严重破损漏风，基本处于无风状态，造成上山和平巷瓦斯积聚；工人违章使用电钻电源线放炮，放炮母线与电钻电源线接头搭接时产生火花，引起瓦斯爆炸。

2. 主要原因

（1）矿领导忽视安全，盲目追求经济效益。没有吸取去年已发生两起瓦斯燃烧爆炸事故的教训，对上级检查多次指出的隐患没有认真整改。

（2）安全管理混乱。通风、机电管理不严，对《煤矿安全规程》执行不严肃，“三违”现象严重，工人缺乏安全培训教育。

（3）安全生产责任不明确。岗位责任制不健全，以包代管，放弃安全管理。劳动纪律松懈，瓦斯检查员脱岗漏检，采煤接续紧张，井巷工程布置不合理，通风系统混乱。

法规标准

《煤矿安全规程》中关于爆破母线和连接线的有关规定

《煤矿安全规程》第三百三十四条："爆破母线和连接线应符合下列要求：

（一）煤矿井下爆破母线必须符合标准。

（二）爆破母线和连接线、电雷管脚线和连接线、脚线和脚线之间的接头必须相互扭紧并悬挂，不得与轨道、金属管、金属网、钢丝绳、刮板输送机等导电体相接触。

（三）巷道掘进时，爆破母线应随用随挂。不得使用固定爆破母线，特殊情况下，在采取安全措施后，可不受此限。

（四）爆破母线与电缆、电线、信号线应分别挂在巷道的两侧。如果必须挂在同一侧，爆破母线必须挂在电缆的下方，并应保持 0.3 m 以上的距离。

（五）只准采用绝缘母线单回路爆破，严禁用轨道、金属管、金属网、水或大地等当作回路。

（六）爆破前，爆破母线必须扭结成短路。"

知识与技能

爆破母线及其使用注意事项

爆破母线是将爆破不在一处的炸药连起来，然后只点燃其中一处也能够将另一处炸药引爆的导爆线。

（1）爆破母线必须由外向里敷设。其两端头在与脚线、发爆器连接前必须扭成短路。

（2）多头掘进时，爆破母线必须随用随挂、用后盘收，以免发生误接爆破母线；单头掘进时，可以固定爆破母线。

（3）通电以后拒爆时，爆破工必须先取下把手或钥匙，并将爆破母线从电源上摘下，扭成短路，才可沿线路检查，找出拒爆的原因。

案例精选

井下漏电导致瓦斯爆炸

2004年6月3日8时，原本被停产整顿、尚未取得生产许可证的河北某煤矿擅自开工采煤时，因发生漏电，产生电火花，引发瓦斯燃烧事故，当时正在交接班的两班矿工共56人，事故造成14人死亡，23人受伤。事发后，矿主马某等人决定自行组织抢救，不向任何单位和部门报告事故，矿主马某吩咐立即将尸体转移到外地火化，对外宣称死亡1人，隐瞒事故真相。后被新闻媒体曝光，事故才得以真相大白。

事故分析

1. 直接原因

该煤矿南四平巷作业区内无风作业造成瓦斯积聚，采用干式变压器供电的煤电钻，其负荷电缆“鸡爪子”接线处裸露的芯线短路，产生火花引起瓦斯燃烧。

2. 管理因素

矿井通风管理混乱，事故前矿井主要通风机未开；瓦斯管理制度不完善、不落实，没有专职瓦斯检查员，采掘工作面未安设瓦斯断电仪；矿井机电管理混乱，井下有明刀闸、接触器、白炽灯，低压电缆多处有“鸡爪子”“羊尾巴”，井下电工没有特种作业人员资格上岗证。

知识与技能

何为“鸡爪子”“羊尾巴”“明接头”

“鸡爪子”是三相接头分别缠以绝缘胶布，没有统包绝缘，犹如鸡的爪子一般。这样做潮气极易侵入，使绝缘电阻降低，造成短路着火。

“羊尾巴”是指不连接电气设备的末端，三相分别胡乱包以绝缘胶布，再统包绝缘胶布，吊在巷道边上，犹如绵羊的尾巴。距离电气设备接线嘴（包括五小电气元件）2 m 内的不合格接头或明线破口者均属“羊尾巴”。这种接线不仅失去防爆作用，而且极易磨损和拉脱，造成触电和短路事故。

电气设备与电缆有裸露的导体为“明接头”。“明接头”就更加危险，三相芯线互相搭接后，连绝缘胶布都不包，极易造成相间短路或人触电伤亡。一旦拉断，其电弧火花极易引起瓦斯、煤尘燃烧爆炸。

井下供电系统发生漏电原因

1. 电缆或电气设备本身的原因

（1）敷设在井下巷道内的电缆，由于井下环境潮湿，且运行多年，其绝缘老化或潮气入侵，引起绝缘电阻下降，使正常运行时系统对地的绝缘阻抗偏低或发生漏电。在这种供电系统中，还会因偶然的过电压冲击，使绝缘水平较低处发生击穿，产生集中性漏电。

（2）接线板潮湿也可能造成漏电；其内部元件或导线，因某种原因使绝缘恶化、导线头碰壳也会造成漏电。

（3）自动馈电开关中的过流继电器，当调整螺杆拧得过低时也会因相对地放电而造成漏电。

2. 因施工安装不当引起漏电

（1）电缆施工接线错误，如误将相线与地线相接，通电后就会发生漏电。

（2）橡套电缆接头违反施工工艺要求，如不用电缆线盒的连接和明接头等，这些接法都破坏了橡套的绝缘，在井下潮气的侵蚀下易发生漏电。此外，这些接法的机械强度都较低，容易被拉断而造成漏电。

（3）电缆与设备连接时，由于芯线接头不牢固，封堵不严、压板不紧，运行或移动时造成接头脱落或接头松动，使相线于金属外壳直接搭接而漏电，或者是因接头发热过度使绝缘损坏而漏电。

（4）橡套电缆悬挂方法违反规定，采用铁丝或铜丝悬挂，时间一长，就可能发生漏电。

（5）开关或其他电气设备的内部接线错误，或接线头松脱碰壳，当合闸通电时便发生漏电。

3. 因管理不当引起漏电

（1）由于管理不当，电缆被埋压或脱落浸泡于水沟中。电缆被埋压后其热量不易散发，时间一久将使绝缘老化而漏电；电缆浸泡于水中，由于受井下水的酸性侵蚀及渗透作用，也会使绝缘因受潮而漏电。

（2）电气设备长期过负荷运行造成绝缘老化损坏而漏电。

（3）电动机因长期通风不良而发热使绝缘老化受损而漏电。

（4）对已受潮或遭水淹的电气设备，未经严格的干燥处理和对地绝缘电阻、耐压试验，又投入运行，极有可能发生漏电或其他电气故障。

4. 因维修操作不当引起漏电

（1）工人工作时劳动工具（锹、镐、钎等）易将电缆割伤或碰伤，造成漏电。此外采掘机械移动时，由于司机人员照顾不到，使供电电缆受到拉、挤、压、绞等作用，也可能造成漏电。

（2）冷、热补的橡套和浇灌的电缆接头，由于芯线连接不牢固、绝缘胶浇灌不均匀，以及硫化热补或冷补质量低劣，故在运行期间芯线接头容易发热，使油和绝缘胶往外渗漏，严重时就会产生漏电。

（3）开关设备检修后，残留在开关内的线头、金属碎片等未能清理干净，或将小零件与电工工具等忘在开关内，如果这些东西碰到相线，送电后就会发生漏电。

（4）修理电气设备时，由于停送电操作失误、带电操作或施工不慎，可能造成人身接触及一相漏电。

（5）开关分、合闸时，由于灭弧机构有故障，造成电弧熄灭困难、电弧接触外壳而漏电。此外，当发生漏电而切断总电源后，为找漏电支路而分别强行送电也是造成重复漏电的原因。

5. 因意外事故引起漏电

（1）井下电缆常因顶板失落、矿车出轨、支柱倾倒等意外机械事故所损伤而导致漏电。

（2）井下电缆因短路故障造成局部对地绝缘损坏，当处理短路故障后未经对地绝缘电阻测试而恢复送电时，就会发生漏电。

（3）大气过电压沿下井电缆侵入，击穿其对地绝缘而发生漏电。

管理经验

预防漏电触电措施

由于煤矿井下环境的特殊性，发生漏电与人身触电的几率远高于地面其他行业，因此，必须采取有效措施，预防这类电气事故的发生。根据煤矿井下的具体情况，可采取如下措施：

（1）加强井下电气设备的管理和维护，定期对电气设备进行检查和试验，性能指标达不到要求的，应立即更换。

（2）将带电导体、电气元件和电缆接头等，都封闭在坚固的外壳内。在电气设备的外壳与盖子间设置可靠的机械闭锁装置，以保证未合上外盖前不能接通电源，或者在接通后，便不能打开外盖。这一措施有效地防止了因带电检修而造成的触电事故。

（3）加强手持式电动工具把手的绝缘。这类把手在正常时本来是不带电的，但当带电部分的绝缘损坏时，把手便有可能带电引起触电事故，所以必须在把手上再加一层绝缘套，以形成双重保护。

（4）对人身接触机会较多的电气设备，采用较低的额定电压。例如手持式电钻、照明设备及信号装置的额定电压不得超过 127 V，而井下各种电气控制回路的额定电压则限制在 12～42 V 以内。

（5）井下配电变压器的中性点禁止直接接地，以减小漏电或触电电流。井下若采用中性点直接接地的供电系统，则发生漏电或人身触电的情况就有所不同，此时，漏电和触电电流入地后就直接经过接地极回到变压器的中性点。由于接地极的电阻很小（数欧姆），使得电源相电压几乎全部加在漏电过渡电阻或人体电阻上，危险性极大。

（6）设置保护接地装置。

（7）设置漏电保护装置。漏电保护装置应能连续监测电网的绝缘状态，当电网绝缘电阻降低到规定值时，快速切断供电电源。

案例精选

消防洒水系统不合格导致瓦斯煤尘爆炸

某四矿是简易投产的水采矿井，后经多次改、扩建为旱采矿井，为高瓦斯矿井，煤尘爆炸指数为 13.5%～16.7%，自然发火期为 6～12 个月。

某年 7 月 25 日上午 9 时许，由于密闭墙内侧打上木垛，防灭火预测预报人员在密闭墙处检测：CH_4 为 0.6%，CO 为 0%，温度 35℃，有异味，即刻进行汇报。15 时 20 分，矿通风区长亲赴密闭处检查，判断异味为煤炭自燃气味，为弄清具体情况，便将墙内木垛拆开，进入工作面检查，发现左下部有明火，随即撤出密闭工，错将风筒接至明火处。随即想用水直接灭火，但水压很小，约 10 min 后发现工作面向外涌出大量烟雾，CO 含量已升至 0.012%。

事故分析

（1）措施没有落实，管理不到位，施工单位人员素质低，掘进误透采空区。

（2）发现明火而把风筒接至发火点，起到“煽风点火”作用，使火势扩大。

（3）掘进工作面水管不到位，水压低，水量小，无法直接浇灭明火。

（4）误透采空区后，重视不够，没有按期封闭。

（5）火区封闭后，人员没有立即撤出危险区，进入检查或加固密闭墙未在 24 h 后进行。

（6）火区外围二次封闭，造成运输巷积聚高浓度瓦斯扩散飘移至火区发生瓦斯爆炸。

法规标准

《煤矿安全规程》中关于煤矿健全消防系统的规定

《煤矿安全规程》第二百一十五条：“生产和在建矿井必须制定井上、下防火措施。矿井的所有地面建筑物、煤堆、矸石山、木料场等处的防火措施和制度，必须符合国家有关防火的规定。”

第二百一十八条：“矿井必须设地面消防水池和井下消防管路系统。井下消防管路系统应每隔 100 m 设置支管和阀门，但在带式输送机巷道中应每隔 50 m 设置支管和阀门。地面的消防水池必须经常保持不少于 200 m^3 的水量。如果消防用水同生产、生活用水共用同一水池，应有确保消防用水的措施。”

第二百二十七条：“每季度应对井上、下消防管路系统，防火门，消防材料库和消防器材的设置情况进行 1 次检查，发现问题，及时解决。”

第二百三十二条：“开采容易自燃和自燃的煤层时，必须对采空区、突出和冒落孔洞等空隙采取预防性灌浆或全部充填、喷洒阻化剂、注阻化泥浆、注凝胶、注惰性气体、均压等措施，编制相应的防灭火设计，防止自然发火。”

知识与技能

井下消防、洒水系统

井下消防、洒水系统包括消火栓给水系统、自动喷水灭火装置、井下防尘洒水系统以及各类设备用水等。

1. 井下消防给水系统

井下消防给水系统是煤矿井下安全的重要保证，井下消防给水系统由水源及消防水池、井下输水管道、井下消防给水管网组成。

（1）水源及地面消防水池水源有以下几种类型：①矿井

总水源直供；②处理后的井下排水；③在井下直接取用潜水。最终采用何种水源由经济技术比较后确定。

（2）井下输水管道。主井井筒的井下输水管道，需按管道梁的间距设活动支座，每隔一定距离设一个固定支座，固定支座需要独设计管道梁，在固定支座之间设伸缩节。

（3）消火栓给水系统。为了能够迅速扑灭井下火灾，在井下重要部位需要设置消火栓箱。井下重要部位是：主井与副井井底车场连接处、采区上山口与下山口、带式输送机机头、机电硐室、检修硐室、材料库等。消火栓应设在井壁的壁龛内。

（4）井下自动喷水灭火系统。井下自动喷水灭火装置系统组成主要有：报警阀组、水流指示器、压力开关、末段试水装置、喷头以及各管段。

（5）水喷雾隔火装置。水喷雾隔火装置主要设置在主井或斜井至井底车场连接处，即主井或斜井井底两侧。通过水喷雾可以降低烟气温度，达到控制火势的目的。同时也可以隔断井上与井下之间的火灾联系。

2. 井下洒水系统

防尘洒水是井下生产的主要环节，它不但可预防尘肺病发生，还可以防止因明火而引发的瓦斯爆炸或煤尘爆炸。井下洒水系统主要包括：①喷雾降尘；②井下风流净化水幕；③煤壁注水；④冲洗巷道；⑤锚喷工作面用水。

井下消防洒水自动化要求

井下消防洒水自动化应达到如下要求：

（1）火灾自动报警系统应有手动和自动两种触发装置；

（2）消火栓给水系统、自动喷水灭火系统、水喷雾隔火装置能在地面显示，并能控制；

（3）地面消防水池能集中显示水位，能控制阀门；

（4）在井下消防管网上设置若干压力传感器，并传到地面集中显示；

（5）管道泵的就地控制；

（6）除喷雾洒水装置与设施联动，强喷雾装置与设施联动外，还能人工就地控制，风流净化水幕应做到时控与自控相兼容。

案例精选

瓦斯抽放不及时引发爆炸事故

1988 年某月某日，某煤矿发生一起特大瓦斯爆炸事故，造成 56 人死亡，25 人受伤，其中重伤 15 人，直接经济损失达 300 万元。发生爆炸时，因四台风机没有正常通风，致使工作面瓦斯超量，又没有采取相应的抽放措施，因电气设备短路产生火花引发瓦斯爆炸。

事故分析

发生爆炸的工作面绝对瓦斯涌出量达 8 m^3/min，发生事故前已安设 4 台风机为其供风。在事故发生时四趟风筒均完好无损，但四台风机没有正常通风。按绝对瓦斯涌出量 8 m^3/min 计算，如四台风机停风，在 13 min 内，整个掘进工作面的瓦斯浓度就可达到爆炸界限。因此，瓦斯积聚的原因是工作面的风机没有正常运行，造成瓦斯积聚，并达到爆炸界限。

该矿井是高瓦斯矿井，工作面的瓦斯涌出量大，没有按《煤矿安全规程》的规定及时采取瓦斯抽放措施，致使工作面瓦斯时常超限。工作面的风机没有正常运行，造成瓦斯积聚，并达到爆炸界限，由于电气设备短路产生火花而引起瓦斯爆炸。

法规标准

《煤矿安全规程》中关于局部通风机使用和通风的有关规定

《煤矿安全规程》第一百二十八条：“（九）严禁使用 3 台以上（含 3 台）局部通风机同时向 1 个掘进工作面供风。不得使用 1 台局部通风机同时向 2 个作业的掘进工作面供风。”

第一百一十三条：“生产水平和采区必须实行分区通风。准备采区，必须在采区构成通风系统后，方可开掘其他巷道。采煤工作面必须在采区构成完整的通风、排水系统后，方可回采。”

知识与技能

影响瓦斯抽放的因素

矿井瓦斯抽放率主要与以下几个因素有关：即煤层瓦斯

含量、透气性、抽放钻孔布置、钻孔封孔工艺、抽放系统及工作面通风方式等。在相同抽放系统下，瓦斯抽出量大小与煤层瓦斯含量及涌出量、开采地质条件、瓦斯抽放工艺方法、抽放钻孔长度、通风系统、煤产量大小及工作面长度、工作面推进速度、井下煤层开拓及开采间隔时间等因素有关。

（1）瓦斯泵的选型。瓦斯泵的流量必须满足矿井抽放期间预计最大瓦斯抽出量的要求。同时，从安装和经济角度考虑，并有适当余量为原则，避免“大马拉小车”或“小马拉大车”的现象。

（2）瓦斯管网的合理布置。抽放管网决定着抽放阻力的大小。抽放阻力大，系统性能低；抽放阻力小，系统性能高。管网阻力主要由管路长度、直径和管网布置所决定。

（3）抽放方法的合理选择。根据瓦斯来源和作用原理，抽放方法分为单一抽放和综合抽放。选择合理的抽放方法，主要根据矿井（采区）瓦斯来源、煤层赋存情况、采掘布置、开采程序以及开采地质条件等。

（4）抽放钻孔的布置。影响钻孔的主要因素有钻孔的角度、长度、钻孔个数、孔径、间距等。

（5）钻孔密封工艺。钻孔施工完毕，其密封性决定着瓦斯抽放效果，封孔不严，漏气漏水，瓦斯浓度降低；反之，密封严密，瓦斯浓度高。因此，为提高井下瓦斯抽放浓度，必须采用有效的封孔工艺。

（6）抽放时间不同的抽放方法。钻孔有不同的最佳和有效抽放时间，在这段时间内，抽放的瓦斯量大、浓度高，之后逐渐衰减到无抽放价值而停抽。

（7）抽放负压与钻孔密度。抽放系统压力参数及钻孔密度直接影响钻孔瓦斯抽放效率，经有关专家研究得出规律：钻孔瓦斯抽放率分别与抽放负压和钻孔密度呈线形关系，即抽放率随负压值、钻孔密度的增大而增加。

管理经验

提高矿井瓦斯抽放率的途径

（1）合理选择抽放方法。合理选择抽放方法是提高抽放效果的关键，选择抽放方法应深入分析煤层赋存条件、瓦斯来源及涌出规律、开采布置及开采程度、瓦斯利用前景等。按照瓦斯来源可以分为本煤层抽放瓦斯和临近层抽放瓦斯；按抽放与采掘的时间配合可以分为预先抽放煤层瓦斯、边采边抽放瓦斯、采空区抽放瓦斯三类；按照抽放工艺可以分为钻孔抽放瓦斯、巷道抽放瓦斯、钻孔巷道混合抽放瓦斯、老空区密闭抽放瓦斯和地面钻孔抽放瓦斯。不同煤矿的现场条件，采用抽放方式也会有很大的不同。

（2）选择合理的抽放参数。①钻孔直径。钻孔直径的大小对抽放瓦斯有一定的影响。大直径孔的瓦斯抽出量远远大于小直径孔，而且有较长的稳定时间。因此，在保证施工进度的前提下，尽量选择大直径的钻具。②钻孔长度。对于开采层瓦斯抽放钻孔的长度越大，露出煤面越多，瓦斯涌出量越大，抽放效果越好；对于邻近层瓦斯抽放，钻孔一般要穿过所要预抽的煤层，在考虑打钻效率和打钻质量的前提下，利用大功率钻得到较深的钻孔。③钻孔角度。抽放本煤层瓦斯的时候，布置钻孔的角度应注意以下几个方面：一是由于深部煤层的瓦斯含量比较大，瓦斯向上流动，所以下向式钻孔瓦斯量较大，可以加速瓦斯排放。但下向孔中易积水，对瓦斯涌出有一定的阻力，且打钻施工比较困难。二是上向式钻孔内不会积水，瓦斯涌出量也比较均衡，但在相同条件下比下向孔略小。三是水平钻孔处于上述两种方式之间，可以克服上向孔和下向孔的缺点，各矿井可以根据实际情况制定相应钻孔角度。④抽放负压。瓦斯抽放泵能力、运转特性与负压对抽放效果有很多影响，抽放负压越大，抽放量越大。但当负压到一定程度后，抽放效果就不会明显增加，有时反而会影响抽放效果，要根据具体情况确定。

（3）其他途径。①扩大抽放范围。扩大抽放范围，一是要合理增加钻孔数目来扩大抽放面积；二是要增加抽放煤层及抽放区域。②提高煤层透气性。煤层透气性是煤层对于瓦斯流动的阻力，通常用透气性系数来表示。透气性系数越大，瓦斯在煤层中流动越容易，瓦斯含量就少；反之，瓦斯易于保存，煤层瓦斯含量大。③采用综合抽放方法。随着煤矿机械化水平的提高，开采强度的大幅度提高，开采后邻近层、采空区等的瓦斯涌出量也急剧增加。为了实现高产高效矿井的安全生产，要求抽放瓦斯技术有一个新的突破，所以综合抽放方法已经是矿井进行瓦斯抽放的一个趋势。

案例精选

爆破作业安全管理不严引发瓦斯爆炸

某煤矿为高瓦斯矿井，并具有煤和瓦斯突出危险。1996

年 11 月 24 日，放炮员在放炮作业过程中，没有按照《煤矿安全规程》实施爆破，未将炮眼内煤粉掏尽，未装座底泥，药卷未顶实，封泥未填满捣实，而且采用反向爆破，引起放炮着火，严重违反操作规程，放炮后明火点燃瓦斯发生瓦斯爆炸事故，死亡 50 人，伤 25 人，经济损失约 100 万元。这是一起严重的责任事故。

事故分析

（1）放炮时没有按照《煤矿安全规程》实施爆破，未将炮眼内煤粉掏尽，未装座底泥，药卷未顶实，封泥未填满捣实，而且采用反向爆破，引起放炮着火，引起瓦斯爆炸。

（2）放炮管理松弛，制度执行不严，矿区对长期违章装炮、放炮行为没有认真检查纠正。

（3）矿安全工作没有落到实处，安全技术工作不够严细，矿及通风区领导对瓦斯日报表审阅马虎，对炮后瓦斯严重等问题，没有督促有关部门研究解决。

法规标准

《煤矿安全规程》关于反向起爆的有关规定

《煤矿安全规程》第三百二十二条："在高瓦斯矿井、低瓦斯矿井的高瓦斯区域的采掘工作面采用毫秒爆破时，若采用反向起爆，必须制定安全技术措施。"

知识与技能

煤矿井下爆破作业中不安全因素

（1）爆破工文化程度偏低，是诸多不安定因素中起决定作用的因素。有些煤矿管理制度不够完善，所以对于井下作业人员的要求不是很高。而且，井下放炮管理混乱，存在隐患多。煤矿管理人员和井下爆破员安全意识淡薄，没有最基本的爆破操作常识和自我保护意识，麻痹大意。遇到较复杂问题时不能正确、有效地进行处理，使安全技术培训的目的未能体现，从而给现场的爆破作业安全埋下了隐患。

（2）煤矿不具备必要的实测图纸。用爆破法贯通巷道，应有准确的采掘工程平面实测图，每班都要在图上填上进度，两工作面相距 15 m 时，地质测量人员要先下达通知，此后只准从一个工作面向前掘进，并应在双方通向工作面的安全地点发出警戒，双方工作面的人员全部撤至安全地点后才能批准起爆。

（3）采用没有产品许可证的煤矿许用炸药和煤矿许用雷管。有许多煤矿通过一些其他不正规的途径购买一些不合格的炸药和雷管，这是煤矿爆炸安全规程所不允许的。煤矿安全规程明文规定：有瓦斯、煤尘爆炸危险的工作面进行爆破作业时，都必须使用取得产品许可证的煤矿许用炸药和煤矿许用雷管。

（4）爆破工报酬偏低，不愿干爆破作业，使爆破安全失去了第一道屏障。爆破作业是一项危险程度大、技术含量高、专业要求强的工作，一个称职的爆破工能够很好地保证工作面的爆破质量，提高爆破效率，降低材料消耗，保证爆破安全。某些人认为“人人都能干好工作”，其实仅仅是“人人都能干”，而不是“人人都能干好”。

（5）当班班组长的违章指挥是不安全作业的催化剂。在被统计的爆破工中，部分老爆破工坦言，现场工作时，工人按照有关规程的规定进行安全操作有一定的阻力，主要原因是当班班组长违章指挥，强令工人违章作业。班长是班组安全生产的第一责任人。但是，当安全与生产出现矛盾时，许多班组长首先想到的是生产，忽略了安全或者是把安全放在了次要的位置。“安全第一”是口头上重要，生产上不重要。

（6）个别单位制定的作业规程内容不完善，导致工人想“照章办事”，却无章可循。《爆破作业规程》是爆破作业贯彻《煤矿安全规程》的具体措施，是爆破工进行爆破作业的依据。《爆破作业规程》必须内容完整、措施完善、事故处理方法有针对性，否则就会出现意想不到的后果。如某矿的爆破作业规程中，工人在操作时只能凭经验打眼，有的人也就干脆不按照规程上的放炮眼布置图打眼，遇到此类问题该如何处理，作业规程却无相应规定，缺乏针对性，工人便用放糊炮的方法崩矸石，结果引起了爆炸。

（7）“一炮三检”“三人连锁”等放炮制度要制定好并切实履行，这对放炮安全的影响很大。如某矿掘进工作面放炮，瓦检员未能及时制订放炮制度，结果导致了瓦斯爆炸事故，应引起足够重视。

（8）爆炸仪表配备不全，爆破工凭经验放炮，易引起爆炸事故的发生。爆破仪表配置不完备，主要是没有给爆破工配备必要的验炮器。工人无法正确判断工作面炮线等情况，爆破工凭经验放炮，出现瞎炮、丢炮等事故的机会增加，而这类事故又会再次引发爆破事故甚至伤人事故的发生。

（9）安全技术培训设施、设备不完善，达不到培训的目的。受安全培训经费的制约，培训单位没有必要的场地、设备和设施。特别是爆破作业这类实践性较强的实验，培训单位无专用场地，应该实验来完成的课程只好改用课堂教授。受训人员动手操作能力未能得到有效的提高，形成纸上谈兵。

管理经验

煤矿井下爆破作业中不安全因素的消除

（1）加强煤矿安全建设，特别是安全爆炸建设，在整个矿山创建中应充分体现“安全第一”的思想。“安全第一”要求一切经济部门和生产企业的领导都要重视安全，要当作头等大事来重视。要把安全工作作为完成各项任务、做好各项爆破工作的前提条件。在做井下爆破工作时，首先要想安全，预先采取措施，防止事故的发生。

（2）要加强井下爆破技术管理工作。井下作业人员必须经过严格上岗培训，并持有爆破作业人员培训证书，认真执行煤矿技术政策和有关技术规定，建立专门的管理机构。

（3）依靠科技进步和装备现代化。采用新材料、新工艺、新技术和新装备，以先进的科技来改善煤矿的生产条件，以保证煤矿的安全生产；以先进的科技和装备来改善生产系统，从根本上减少事故隐患。

（4）加强安全教育，提高员工素质。通过各种方式包括强制培训和继续教育，不断提高员工队伍整体素质。通过教育和培训，提高员工的安全意识和法制观念，增强对井下防爆安全工作的责任感和事业心；通过教育和培训，提高员工的生产技能和管理水平。安全教育培训是非常重要的技术投资，是企业强化安全管理、搞好安全生产的基础工作和主要内容之一，更是实现安全生产状况根本好转的重要途径。所以，煤矿要经常对职工进行安全生产方针、安全法规、安全思想教育培训，使职工熟悉与本职工作有关的各项法规、制度和作业操作方法，做到应知应会，掌握标准化工作、标准化作业、标准化操作的各项知识和技能。

（5）搞好事故预防处理工作。搞好事故预防，必须坚持“预防为主”，预先熟悉掌握矿井自然灾害因素和生产过程中的不安定因素，从管理角度研究有效地预防、控制事故，坚持“管理、装备、培训三并重”原则，制定相应的安全措施并予以实施，保证劳动者在生产过程中的安全、健康，实现安全生产。采取预防、根本预防、跟踪预防、查变预防和延续预防的“五防合一”的安全科学管理方法，达到防止灾变，控制事故发生的目的。

案例精选

瓦斯爆炸防治措施不严导致瓦斯爆炸

某年6月23日零时16分，淮南某煤矿44采区4462 C13层采煤6队顶层回采工作面发生特大瓦斯爆炸事故，伤亡共125人，其中死亡76人，伤49人。

6月23日零时30分，矿调度所接到电话汇报，井下发现异常情况，有冲击波和煤与瓦斯突出征兆。零时42分，分别向局矿领导报告。矿务局领导接到报告后，先后赶到该矿组织事故抢救。1时许，局救护队分别进入井下－540 m C13层回风底板巷和－600 mⅠ线石门、Ⅱ线石门进风巷进行检查，发现－540 m C13层回风底板巷内2道风门被冲垮，回风石门内及－600 m三号进风石门、二号进风石门、C13层运输机巷口均垮冒，无法进入采煤6队工作面侦察，只能进入采煤1队，在1队的－540 m回风巷内发现有人员伤亡，灾情严重。这时断定是4462 C13层采煤6队工作面发生瓦斯爆炸。

事故分析

1. 直接原因

由于4462 C13顶层回采工作面中上部顶板第一次来压，造成工作面煤壁、采空区和采空区后方煤层变薄，构造带内的瓦斯在强大集中应力作用下大量释放涌入工作面，并达到爆炸界限，遇到工作面放炮火源（最大可能性）引起瓦斯爆炸。

2. 主要原因

（1）安全生产责任制度不落实。现场安全生产管理混乱。由于采煤6队工作面现场作业组织不合理，经常加班延点，混班作业。该工作面为“双突”工作面，经常在无瓦斯检查员在场的情况下放炮作业。瓦斯监测系统报警，也没有及时停止作业，撤出人员、现场安全生产管理混乱，这也是造成这起事故的重要原因之一。

（2）生产技术管理不落实。没有按《煤矿安全规程》规定在开采突出煤层的采掘工作面配备专职瓦斯检查员。

监测系统的探头数量、探头断电值的设定和断电范围，不符合《煤矿安全规程》要求，监测系统只报警不断电无人过问。

在瓦斯超限的情况下，没有按《煤矿安全规程》规定停止作业、撤离人员，及时处理。

知识与技能

瓦斯爆炸的防治

根据瓦斯爆炸的要素，瓦斯爆炸事故的预防措施主要包括：缩小瓦斯爆炸界限、控制瓦斯浓度、控制点火源、控制氧气浓度、控制其他易燃易爆气体及煤尘参与等。

1. 缩小瓦斯爆炸界限

（1）惰性气体的掺入，煤矿上将 CO_2 和 N_2 等气体称为惰性气体，当混合气体中的 CO_2 含量为 1%时，瓦斯的爆炸下限将提高 0.33%，同时上限下降 0.26%。此外 CO_2 还有降低瓦斯爆炸压力、延迟爆炸时间的作用，若 CO_2 浓度增加到 25.5%时，混合气体将失去爆炸性。同样，N_2 浓度增加也会降低瓦斯爆炸界限，当 N_2 的浓度大于 36%时，混合气体将失去爆炸性。

（2）卤族化合物掺入，加入 4.2%二氧二溴甲烷或者 6.1%三氟一溴甲烷就可以使任何浓度的瓦斯失去爆炸性。

2. 控制瓦斯浓度，防止瓦斯积聚

（1）加强通风。按照“缩短通风流程，扩大通风断面，减小通风阻力，增大通风能力，提高抗灾能力”的原则，选择分区式通风方式，优化通风系统，做到网络简单，风流稳定，系统可靠，风量充足，风速、风质符合要求。

（2）瓦斯抽放。按照“大流量，多抽泵，大管径，多回路”的原则完善瓦斯抽采系统，严格执行“先抽后采”的方针。

3. 控制点火源

（1）要加强对机械、电气设备的检修、维护，完善机械、电气设备的短路、过负荷和漏税电保护装置，防止由于机械、电气设备过载、短路、接触不良、电弧火花、漏电等产生的电火花而引爆瓦斯；

（2）我国大多数煤矿仍然采用炮采、炮掘，放炮过程中可能产生的火花能量远大于瓦斯的最小点火能量，因此要采用符合国家标准的煤矿许用雷管和炸药进行采掘作业，严格控制因为放炮引爆瓦斯事故；

（3）尽量减少井下明火作业；

（4）自然发火矿井要制定切实可行的防灭火制度、措施，建立完善的防火灌浆系统，配齐配全防灭火装备；

（5）采掘过程中应注意避免大块岩石撞击及机械设备摩擦、撞击等产生的火花引爆瓦斯，改进采掘方式，努力减少长壁式采煤工作面摩擦着火的参数；

（6）按规定采用阻燃抗静电的材料，防止由于静电产生的火花引爆瓦斯。煤矿井下有人作业的区域氧气浓度不得低于18%，但无人作业区域如，采空区等则可采取控制氧气浓度的办法来防止瓦斯及余煤的燃烧，进而防止瓦斯爆炸。

瓦斯爆炸现场救护知识

当听到或看到瓦斯爆炸时，应面背爆炸地点迅速卧倒，如眼前有水，应俯卧或侧卧于水中，并用湿毛巾捂住鼻口。距离爆炸中心较近的作业人员，在采取上述自救措施后，迅速撤离现场，防止二次爆炸的发生。

瓦斯爆炸后，应立即切断通往事故地点的一切电源，马上恢复通风，设法扑灭各种明火和残留火，以防再次引起爆炸。所有生存人员在事故发生后，应统一、镇静地撤离危险区。遇有一氧化碳中毒者，应及时将其转移到通风良好的安全地区。如有心跳、呼吸停止，立即在安全处进行人工心肺复苏，不要延误抢救时机。

案例精选

顶板来压期间采空区瓦斯防治措施不当导致爆炸事故

某煤矿顶层回采工作面发生特大瓦斯爆炸事故，伤亡共198人，其中死亡120人，伤78人。

事故发生前井下发现异常情况，有冲击波和煤与瓦斯突出征兆。但该煤矿仍继续生产，在开采过程中没有按《煤矿安全规程》要求严格执行“一炮三检制”“三人连锁放炮制”和分组装药分组放炮的规定。经查实爆炸工作面放炮时，瓦斯检查员不在现场，该采面实际采用一次装药分次起爆、连续放炮的作业方法，引起工作面发生瓦斯爆炸。

事故分析

1. 直接原因

由于 4 顶层回采工作面中上部顶板第一次来压，造成工作面内的瓦斯在强大集中应力作用下大量释放涌入工作面，但没有采取相应的防治措施，使瓦斯达到爆炸界限，遇到工作面放炮火源引起瓦斯爆炸。

2. 主要原因

(1) 生产技术管理不落实。没有按《煤矿安全规程》要求严格执行“一炮三检制”“三人连锁放炮制”和分组装药分组放炮的规定。经查实爆炸工作面放炮时，瓦斯检查员不在现场，该采面实际采用一次装药分次起爆、连续放炮的作业方法，严重违反《煤矿安全规程》规定。

(2) 安全生产责任制度不落实。在瓦斯长时间超限的情况下，未能按规定程序汇报和处理。没有按《煤矿安全规程》规定停止作业，排除隐患，仅派瓦斯检查员检查核实数据，致使采煤工作面瓦斯浓度超限长达 14 h 之久未得到及时处理。这是导致这次特大瓦斯爆炸事故的重要原因。

知识与技能

顶板来压期间采空区瓦斯的防治措施

(1) 加强通风系统管理防止风流短路。采区车场风门实现连锁，通车时一道风门打开，另一道风门关闭，保证通车时的采面正常通风。

(2) 增加工作面新风量，防止瓦斯积聚。在上巷设风机吹上隅角，加大风量冲淡并及时带走瓦斯。

（3）加强采区瓦斯监测，防止瓦斯超限。工作面设专职瓦斯检查员，班班看守，跟机检查槽口及上隅角瓦斯情况。通风科、安监科设专人抽查瓦斯检查员上岗情况，防止瓦斯检查员漏检与假检。值班段长、瓦斯检查员、入井干部都携带便携式瓦斯检测仪，上隅角悬挂一台便携式瓦斯检测仪，回风道设瓦斯断电仪，作业人员配备报警矿灯，瓦斯超限及时组织作业人员撤出工作面。

（4）加强机电设备管理，防止电器失爆。机电科设专职防爆员，检查机电设备防爆情况，发现失爆设备及时维修、更换。采区供电实现“三专两闭锁”，即双电源供电，专用变压器、专用供电线路、专用开关，风电、瓦斯电连锁。

（5）加强放炮管理，防止放炮事故。放炮必须使用水炮泥、炮泥和乳化炸药。严格执行“三人放炮制”和“一炮三检制”。

（6）加强入井检查，严禁携带烟火。入井人员必须带自救器，无自救器禁止入井。对入井人员一律检查，发现携带烟火者，一律没收并进行罚款。

案例精选

机电管理制度混乱导致瓦斯爆炸事故

2003 年 5 月 13 日，安徽某煤矿井下二水平发生瓦斯爆炸事故。爆炸范围涉及一个采煤面和两个掘进面，当班井下有 114 名作业人员，其中 86 人死亡，9 人重伤，19 人轻伤。

该煤矿井下Ⅱ104 采区位于矿井二水平中部，开采 10

层煤，是 8、9 层煤的解放层，该采区走向长 630 m，倾斜宽 670 m，剩余可采储量 180 万吨。这个采区有一个回采工作面（1046），两个掘进工作面（Ⅱ1048 切眼、Ⅱ1048 风巷）。采区内有 7 个瓦斯传感器。Ⅱ1046 采煤工作面遇到断层，留设断层煤柱后工作面跳采。断层煤柱前的采空区老顶来压垮落，导致采空区和Ⅱ1048 风巷之间隔离柱上的多个孔洞冲入Ⅱ1048 风巷，造成瓦斯积聚形成爆炸性混合气体，电工拆卸Ⅱ1048 风巷控制刮板输送机电磁启动器（QCI-120 型），打开了接线腔上盖板，在老顶来压过程中，煤及矸石落入接线腔内，造成带电端子短路产生火花，引起瓦斯爆炸。在爆炸过程中Ⅱ1046 工作面局部煤尘参与了爆炸，造成 86 人死亡，9 人重伤，19 人轻伤。

事故分析

1. 机电管理混乱

该煤矿对机电管理的 5 个单位业务范围和工作职责划分不清，机电设备检修工作不能统一协调和统一指挥，不能确保事故隐患及时整改；机电技术管理有漏洞，供电系统图与井下设备的实际位置、型号不一致；自救器使用管理有漏洞，不能保证正常使用。

2. 矿灯管理混乱

该煤矿的矿灯维修、使用，没有建立有效的质量保障制度。矿灯房矿灯不完好率达 32.5%，失爆率为 5%。该矿未针对矿灯不完好率、存在严重事故隐患的问题采取有效整改措施，维修人员业务技术水平较差，不能按标准维修和保养矿灯。

3. 现场管理混乱

排放瓦斯没有严格执行停电撤人设警戒的规章制度。现场准备队电工不知道里面排放瓦斯的情况，在回风违章带电倒接127 V信号线。在进风侧有排放瓦斯人员，有掘进队组工人，有机电队电工，还有生产科干部和安监人员，井下的工种基本是一应俱全，平行作业，没有统一的协调指挥，顾此失彼，现场管理混乱。进行排放瓦斯这样危险度相当高的工作，没有制定安全措施，应该至少3 h以上排放的工作，仅用不到1 h。

法规标准

《煤矿安全规程》中关于井下带电检修、搬迁电气设备有关规定

《煤矿安全规程》第四百八十八条："电气设备的检查、维护和调整，必须由电气维修工进行。高压电气设备的修理和调整工作，应有工作票和施工措施。"

第四百四十五条："井下不得带电检修、搬迁电气设备、电缆和电线。

检修或搬迁前，必须切断电源，检查瓦斯，在其巷道风流中瓦斯浓度低于1.0%时，再用与电源电压相适应的验电笔检验；检验无电后，方可进行导体对地放电。控制设备内部安有放电装置的，不受此限。所有开关的闭锁装置必须能可靠地防止擅自送电，防止擅自开盖操作，开关把手在切断电源时必须闭锁，并悬挂'有人工作，不准送电'字样的警

示牌，只有执行这项工作的人员才有权取下此牌送电。”

知识与技能

井下电气设备安全事故的预防措施

（1）预防电流故障的主要措施。预防电流故障的主要措施有：使用过流保护装置；用配电网路的最大三相短路电流校验开关设备的分断能力和动热稳定性以及电缆的热稳定性；用最小两相短路电流校验保护装置的可靠动作系数；对所使用的过流保护装置严格按规定定期进行校验和调整；当负荷发生变化时，及时调整过流保护装置的整定值，以确保其可靠性；加强日常检修和巡回检查。电气设备的把手应有良好绝缘，电压不得不超过 127 V，电气设备控制回路电压不得超过 36 V。

（2）预防电火灾的主要措施。预防电火灾的主要措施有：正确选择和安装使用电气设备及供电线路，并在运行中加强维护检修，防止短路故障和过负荷情况发生；装设继电保护装置；对各类短路保护装置进行合理的整定，确保其灵敏可靠；在可能发生电火灾的地点，采取相应的防火措施。

（3）预防电气设备失爆的主要措施。预防电气设备失爆的主要措施有：对于开关电器和电动机等动力设备，可采取隔爆外壳防爆，外壳具有足够的强度，即使在壳内发生瓦斯爆炸，也不致变形，并且从间隙逸出壳外的火焰应受到足够的冷却，不足以点燃壳外的瓦斯、煤尘；采用本质安全电路和设备；采用超前切断电源，使电气设备在正常和故障状态下产生的热源或电火花在尚未引起瓦斯爆炸之前即自行切断电源达到防爆目的；严格按照防爆电气设备标准，进行日常检查和巡回检查。

(4) 预防触电的主要措施。预防触电的主要措施有：使人体不能接触或接近带电体；井下电气设备必须设置保护接地；在井下高低压供电系统中，装设漏电保护装置；采用较低的电压等级；井下电缆的敷设符合规定，并加强管理；操作高压电气设备，必须遵守安全操作规程，使用保安工具。

(5) 预防漏电的主要措施。预防漏电的主要措施有：井下电网正确选用电气设备的型号；采用中性点绝缘的供电系统；采取保护接地措施；装设作用于开关跳闸的漏电保护装置；高压馈电线上装设选择性的检漏保护装置；井下低压馈电线上装设带有漏电闭锁的检漏保护装置或有选择性的检漏保护装置，如果没有这两种装置，必须装设自动切断漏电馈电线的检漏装置；选择性检漏保护装置必须配套使用，不准单独使用带延时的总检漏保护装置；避免电缆、电气设备浸泡于水中，防止挤、刺而使电缆损坏；导线连接要牢固、无毛刺；不增加额外部件；对于电网的对地电容进行补偿。

电气事故的预防

为避免发生触电事故，对井下电网应做到：首先，各种保护装置齐全、可靠，严禁甩掉不用。其次，严格执行《煤矿安全规程》的有关规定和安全作业制度。非专职或值班电气人员，不得擅自操作电气设备，不得带电检修、搬动电气设备；严格遵守工作票制度，工作许可证制度，停、送电制度，工作监护制度等。再次，加强对矿井电气设备和电缆的日常检查与维护。电气设备的安装、使用要合理，防爆性能要完好，绝缘水平符合要求，接地网必须完整，井下供电必须做到“十不准”，还应做到“三无、四有、两齐、三全、三坚持”，确保井下安全用电。最后，对直流架线应做到：架线调试必须符合标准要求；严禁工人扒车、乘坐空（重）车；不准带电修理电机车集电弓，人员上下车地点要有照明，架线必须安设分段开关，人员上下时必须切断该区架线电源；直流架线要装直流漏电保护装置；工人拿长铁器时，要注意携带方法和采取安全措施，以防触及架线。

触电人员的抢救

（1）发现有人触电时应立即切断电源（关闭电源开关或用绝缘体断开电源），使触电者及时脱离电源。

（2）当触电者脱离电源呼吸停止时，应立即实行人工呼吸。口对口人工呼吸：患者仰卧，急救者一手托起患者下颌，使头部尽量后仰，另一只手捏紧患者鼻孔，深吸气以后，对准患者的口用力吹气。随后，放松患者鼻孔，如此反复进行。保持规律均匀地每分钟 12～16 次左右进行时，应由另一人用手紧按患者上腹部，以免过多的气体进入胃部，引起腹胀而妨碍膈肌运动。

（3）当触电者脱离电源后心脏骤停时，应采取心脏胸外按压：患者仰卧于硬板床或地上，急救者以一掌的根部置于患者胸骨下段的上 2/3 处，另一掌交叉重叠于其手背上，以肘及臂力有节奏地、冲击式地（注意：非缓慢逐渐加压）向脊柱后方垂直下压，压下 2～4 cm 深度左右，然后迅速抬手

（注意：呈弹跳式而非缓慢逐渐抬手），使胸骨复位，以利于心脏舒胀。按压速率60～80次/分钟。在进行胸外心脏按压的同时，施行口对口人工呼吸。

（4）按压部位必须正确，用力切忌过猛，否则不仅无效，且可能发生肋骨骨折、气胸、血胸、心脏出血、肝破裂、胃内容物反流窒息等并发症。但是，按压力量也不能太小，太小则心脏血液排出量不够。

（5）按压次数要合适，过多则影响心脏的充盈，过少则影响每分钟的心搏出量，可能只有自然搏出量的1/2左右。

案例精选

瓦斯突出引发瓦斯爆炸

郑州某矿特大型煤与瓦斯突出引发特别重大瓦斯爆炸事故，造成148人死亡，32人受伤。2004年10月20日22时09分，该矿21轨道下山岩石掘进工作面发生特大型延期性煤与瓦斯突出。突出煤岩量1 894 t，瓦斯量约250 000 m^3。22时40分，在西大巷与11轨道石门逆流交汇点附近的西大巷内，架线电机车取电弓与架线接触产生的电火花引发瓦斯爆炸。

事故分析

据调查，煤与瓦斯突出的原因，一是21岩石下山工作面进入矿井深部，处于地质构造复杂的地带；二是该矿为高瓦斯矿井，对矿井开采深度增加可能带来的瓦斯等级升高没有引起足够重视；三是煤与瓦斯突出是一种复杂的矿井瓦斯动力现象，到目前为止，各种地质、开采条件下煤与瓦斯突出发生的规律还没有完全掌握。

瓦斯爆炸的原因：一是局部通风设施管理混乱，加大了煤与瓦斯突出后的瓦斯逆流，高浓度瓦斯进入西大巷新鲜风流，达到爆炸界限，遇到架线式电机车产生的火花，发生瓦斯爆炸。二是据瓦斯监控系统测定的数据，煤与瓦斯突出距瓦斯爆炸有 30 min 的间隔，此期间的应急处置措施不力。三是该矿在安全管理上存在漏洞。

知识与技能

关于突出煤层和突出矿井鉴定的规定

（1）新建矿井在可行性研究阶段，应当对矿井内采掘工程可能揭露的所有平均厚度在 0.3 m 以上的煤层进行突出危险性评估。评估结果作为矿井立项、初步设计和指导建井期间揭煤作业的依据。

（2）经评估认为有突出危险的新建矿井，建井期间应当对开采煤层及其他可能对采掘活动造成威胁的煤层进行突出危险性鉴定。

（3）矿井有下列情况之一的，应当立即进行突出煤层鉴定；鉴定未完成前，应当按照突出煤层管理：

1）煤层有瓦斯动力现象的；

2）相邻矿井开采的同一煤层发生突出的；

3）煤层瓦斯压力达到或者超过 0.74 MPa 的。

（4）突出煤层和突出矿井的鉴定由煤矿企业委托具有突出危险性鉴定资质的单位进行。鉴定单位应当在接受委托之日起120天内完成鉴定工作。鉴定单位对鉴定结果负责。

煤矿企业应当将鉴定结果报省级煤炭行业管理部门、煤矿安全监管部门、煤矿安全监察机构备案。

煤矿发生瓦斯动力现象造成的生产安全事故，经事故调查认定为突出事故的，该煤层即为突出煤层，该矿井即为突出矿井。

案例精选

通风管理不严导致瓦斯中毒事故

1997年10月27日上午10：00，某矿区3♯硐工人宋某等4人入井作业，在距硐口14 m的主平硐发现9：00入井作业的王某等4人倒在巷道中。宋某等人感到头晕并呕吐，只好退出。矿方立即组织抢救，到15♯硐找工人，发现在15♯硐41♯采煤工作面的杨某等工人也倒在工作面。后请该矿务局矿山救护队施救。事故造成6人死亡，一人重伤。

事故分析

事故原因是与该矿区相通的煤层发生自燃，产生大量一氧化碳，相互沟通的矿井之间采空区没有密闭，矿井又没有使用机械通风，10月27日天气变冷后，自然风压加大，位于低处的一氧化碳涌入该矿区。

知识与技能

矿井必须采用机械通风

主要通风机的安装和使用应符合下列要求：

（一）主要通风机必须安装在地面；装有通风机的井口必须封闭严密，其外部漏风率在无提升设备时不得超过5%，有提升设备时不得超过15%。

（二）必须保证主要通风机连续运转。

（三）必须安装2套同等能力的主要通风机装置，其中1套作备用，备用通风机必须能在10 min内开动。在建井期间可安装1套通风机和1部备用电动机。生产矿井现有的2套不同能力的主要通风机，在满足生产要求时，可继续使用。

（四）严禁采用局部通风机或风机群作为主要通风机使用。

（五）装有主要通风机的出风井口应安装防爆门，防爆门每6个月检查维修1次。

（六）至少每月检查1次主要通风机。改变通风机转数或叶片角度时，必须经矿技术负责人批准。

（七）新安装的主要通风机投入使用前，必须进行1次通风机性能测定和试运转工作，以后每5年至少进行1次性能测定。

对中毒或窒息人员的急救

（1）迅速把中毒者抬到新鲜风流和周围支架完好、安全的地方。在搬运途中，如仍受到有害气体威胁，急救者一定要戴好自救器，对被救人员也要戴好自救器。

（2）将中毒者口内的妨碍物除去，如黏液、血块、泥土、碎煤、假牙等，并将上衣、腰带解开，脱掉胶鞋。

（3）用衣服覆盖在伤员身上以保暖。

（4）根据心跳、呼吸、瞳孔等特征和伤员的神志情况，初步判断伤情的轻重。正常人每分钟心跳 60～80 次，呼吸 16～18 次，两眼瞳孔是等大、等圆的，遇到光线能迅速收缩变小、而且神志清醒。休克伤员两瞳孔不一样大、对光线反应迟钝或不收缩。对呼吸困难或停止呼吸者，应及时进行人工呼吸。当出现心跳停止的现象时，除进行人工呼吸外，还应同时进行胸外心脏按压急救。

（5）人工呼吸持续时间以恢复自主性呼吸或到伤员真正死亡时为止。

人 工 呼 吸

人工呼吸方法很多，有口对口吹气法、俯卧压背法、仰卧压胸法，但以口对口吹气式人工呼吸最为方便和有效。

1. 口对口或（鼻）吹气法

此法操作简便容易掌握，而且气体的交换量大，接近或等于正常人呼吸的气体量。对大人、小孩效果都很好。操作方法：

（1）病人取仰卧状态，即胸腹朝天。

（2）救护人站在其头部的一侧，自己深吸一口气，对着伤病人的口（两嘴要对紧不要漏气）将气吹入，造成吸气。

为使空气不从鼻孔漏出，此时可用一手将其鼻孔捏住。然后救护人嘴离开，将捏住的鼻孔放开，并用一手压其胸部，以帮助呼气。这样反复进行，每分钟进行 14～16 次。

如果病人口腔有严重外伤或牙关紧闭时，可对其鼻孔吹气（必须堵住口）即为口对鼻吹气。

救护人吹气力量的大小，依病人的具体情况而定。一般以吹进气后，病人的胸廓稍微隆起为最合适。口对口之间，如果有纱布，则放一块叠二层厚的纱布，或一块一层的薄手帕，但注意，不要影响空气出入。

2. 俯卧压背法

此法应用较普遍，但在人工呼吸中是一种较古老的方法。由于病人取俯卧状态，舌头能略向外坠出，不会堵塞呼吸道，救护人不必专门来处理舌头，节省了时间（在极短时间内将舌头拉出并固定好并非易事），能及早进行人工呼吸。气体交换量小于口对口吹气法，但抢救成功率较高。目前，在抢救触电、溺水人员，现场还多用此法。但对于孕妇、胸背部有骨折者不宜采用此法。

操作方法：

（1）伤病人取俯卧状态，即胸腹贴地，腹部可微微垫高，头偏向一侧，两臂伸过头，一臂枕于头下，另一臂向外伸开，以使胸廓扩张。

（2）救护人面向其头，两腿屈膝跪地于伤病人大腿两旁，把两手平放在其背部肩胛骨下角（大约相当于第七对肋骨处）、脊柱骨左右，大拇指靠近脊柱骨，其余四指稍开、微弯。

(3) 救护人俯身向前，慢慢用力向下压缩，用力的方向是向下、稍向前推压。当救护人的肩膀与病人肩膀将成一直线时，不再用力。在这个向下、向前推压的过程中，即将肺内的空气压出，形成呼气。然后慢慢放松回身，使外界空气进入肺内，形成吸气。

(4) 按上述动作，反复有节律地进行，每分钟 14～16 次。

3. 仰卧压胸法

此法便于观察病人的表情，而且气体交换量也接近于正常的呼吸量。但最大的缺点是，伤员的舌头由于仰卧而后坠，阻碍空气的出入。所以使用本法时要将舌头拉出。这种姿势，对于淹溺及胸部创伤、肋骨骨折伤员不宜使用。

操作方法：

(1) 病人取仰卧状态，背部可稍加垫，使胸部凸起。

(2) 救护人屈膝跪地于病人大腿两旁，把双手分别放于乳房下面（相当于第六七对肋骨处），大拇指向内，靠近胸骨下端，其余四指向外，放于胸廓肋骨之上。

(3) 向下并稍向前压，其方向、力量、操作要领与俯卧压背法相同。

2. 煤尘爆炸事故案例

案例精选

矿井通风系统不完善导致煤尘爆炸事故

1985 年 5 月 13 日 10 时 55 分，沈阳某煤矿发生瓦斯煤尘爆炸，死亡 36 人，烧伤 13 人，直接经济损失 21 万元。

该矿开采煤层的煤尘具有强爆炸性，其指数为 38%，属于高瓦斯矿井。

事故前，东翼南采区三道南十二煤顺槽里部 1 号上山已掘进 68 m，采用 11 kW 局扇通风，该顺槽距主石门 176 m 处留有一条 14 m 长盲巷，未打密闭。

1985 年 5 月 13 日，矿领导布置工作，要求当天白班将南十二煤 1 号上山与二道贯通。但是，贯通前工作面风量不足造成瓦斯积聚，放炮后产生大量的浮游煤尘，使工作面的瓦斯和煤尘的浓度达到了爆炸界限。

事故分析

(1) 安全生产管理混乱，有章不循。事故前，三道南十二煤掘进工作面的局扇没有实行单独电源供电，致使局扇在事故前 2 h 内跳闸停风 10 余次，工作面风量不足造成瓦斯积聚，放炮后产生大量的浮游煤尘，使工作面的瓦斯和煤尘的浓度达到了爆炸界限；放炮时，由于封孔不严，火药延爆打筒产生明火，导致了爆炸事故。当冲击波进行到南顺槽距主石门 176 m 处没有密闭的盲巷时，又引爆了盲巷中积聚的瓦斯，增强了爆炸威力，扩大了灾害。

（2）盲目生产，违章作业。矿领导在布置上山贯通时，只布置了生产进度，没有同时采取必要的安全措施，加之长期以来没有严格执行瓦斯巡回检查制度及“一炮三检”制，作业人员没按规定角度打眼，黄泥封孔不严，造成放炮打筒产生明火引爆了瓦斯煤尘。

（3）没有对以前发生的几起事故认真吸取教训，特别是对三道北十二煤发生瓦斯超限和南十二煤于 1984 年 12 月 23 日发生的瓦斯燃烧事故，没引起应有的重视。

（4）矿领导对安全工作走形式，不注重实效。事故发生的当天，矿、区、队干部多人下井，但却没到事故的上山工作面检查，未能及时发现事故隐患。

法规标准

《煤矿安全规程》中关于局部通风机供电有关规定

《煤矿安全规程》第一百二十八条：“（四）其他掘进工作面和通风地点正常工作的局部通风机可不配备备用局部通风机，但正常工作的局部通风机必须采用‘三专’供电；或正常工作的局部通风机配备一台同等能力的备用局部通风机，并能自动切换。正常工作的局部通风机和备用局部通风机的电源必须取自同时带电的、不同母线段的、相互独立的电源，保证正常工作的局部通风机遇到故障时，备用局部通风机能正常工作。”

知识与技能

煤尘发生爆炸应具备的条件

煤尘爆炸必须具备三个条件：

（1）煤尘的爆炸性。煤尘爆炸是煤尘受热氧化后放出可燃性气体遇高温发生剧烈反应形成的。但是，有的煤尘受热氧化后，产生很少的可燃气体，不能使煤尘发生爆炸。所以，煤尘又可分为有爆炸性煤尘和无爆炸性煤尘。

（2）煤尘浓度。只有当煤尘悬浮在空气中时，它的全部表面积才能与空气中的氧接触，并在氧化、热化的过程中放出大量的可燃气，为爆炸创造条件。然而，煤尘的热化和氧化过程中必须使煤尘所吸收的热量超过散失的热量。如果煤尘的浓度比较低，尘粒与尘粒之间的距离比较大，燃烧所生成的热量很快被周围的介质所吸收，则爆炸无法形成；但是，如果煤尘的浓度过大，煤尘在氧化和热化过程中放出的热量为煤尘本身所散失掉，同样爆炸无法形成。因此，煤尘的浓度只有达到一定的范围，才可能发生爆炸。这个范围就叫煤尘爆炸界限。最低的爆炸浓度称之为爆炸下限；最高爆炸浓度称之为爆炸上限。就是说，煤尘爆炸是其浓度在其爆炸下限到爆炸上限之间发生的。

（3）引起煤尘爆炸的热源。煤尘爆炸引燃温度的变化范围比较大，它是随煤尘的性质及试验条件的不同而变化的。经试验得知，我国煤尘的引燃温度在 610～1 050℃ 之间，一般为700～800℃。

煤尘爆炸的主要特征

煤尘爆炸是一种复杂的、异常迅速的物理和化学的转化过程，其主要特征如下：

（1）高温。由于煤尘被急剧氧化并燃烧，在很短时间内产生大量的热，使空气温度迅速升高，瞬间温度可达2 300～2 500℃。

（2）高压。煤尘爆炸时气温骤升，压力增大。一般爆炸压力可达0.7～0.8 MPa。实验证明，煤尘爆炸时反应热和传播速度越大，爆炸压力也越大，因而其破坏性也越大。实验和事故案例均表明，爆炸压力随着离开爆源的距离的增大而呈跳跃式增大。如遇障碍物或巷道断面的突然变化，爆炸压力则更加增强，这是造成距爆源较远的巷道破坏较大的重要原因。

（3）强烈的冲击波和火焰。煤尘爆炸时由于高温、高压，可产生强烈的冲击波和火焰。据实验测定，火焰的传播速度可达610～1 800 m/s，而冲击波和传递速度可达2 400 m/s。当爆尘刚刚被引爆时，冲击波和火焰的速度几乎一样，但是，随着时间的延长，冲击波的速度将超过火焰速度。

（4）产生大量的有害气体。煤尘爆炸时，可生成大量的一氧化碳和二氧化碳。一氧化碳含量可达2%～3%，甚至高达8%，而二氧化碳可达10%以上，这是造成人员大量伤亡的重要原因。因此，《煤矿安全规程》规定，每一入井人员必须随身携带自救器。

（5）爆炸产生“皮渣”和“粘块”。煤尘爆炸时，一部分煤尘被局部焦化，黏结在一起，沉积在支架和巷道壁上，形成煤尘爆炸的特有产物——“皮渣”和“粘块”。这是煤尘爆炸区别于瓦斯爆炸的特有标志。

案例精选

井下爆破材料管理不严导致瓦斯煤尘爆炸事故

某乡办煤矿煤尘具有爆炸性。井下没有防尘洒水设施，也没有采取防尘措施，造成井下煤尘积存。

某日，早 8 时 30 分停电后，使用柴油发电机向井下送电。由于电力不足，北翼工作面及南翼工作面轮流生产。14 时共下井 72 人。南翼工作面工人打眼放第一炮后出煤。15 时 30 分左右开水泵，停南翼电，当时主扇风机和局扇都没有开启。17 时 30 分全矿来电，主扇和局扇仍没有开启。瓦斯检测员空班漏检。南翼工作面打眼后放第二炮时，距工作面 2 m 处挂在背板上的 11 个电雷管的拖地引脚线被拖动的电缆明接头引爆，引起瓦斯煤尘爆炸事故。共死亡 26 人，伤 10 人。

事故分析

（1）该矿矿长和特种作业人员无证上岗，“三违”现象严重。没有班前会和交接班制度，井下作业任务和人员安排没有统一布置和记录，井下物料及灭火器材存放混乱，一贯使用煤面和煤块封堵炮孔，用电缆明接头放炮的现象时有发生；

（2）由于主扇和局扇风机均未开启，瓦斯检测员空班漏检，造成瓦斯局部积聚，以至在瓦斯没有得到及时处理和防范的情况下开展生产工作；

（3）该矿煤尘具有爆炸性，又未采取防尘措施，造成井下煤尘积存；

（4）井下管理混乱，以致在电雷管存放不当的情况下，电缆明接头碰到电雷管引脚线，引起雷管爆炸（即点火源），导致此次事故。

法规标准

《安全生产法》中关于生产经营单位职责的规定

《安全生产法》中第八十条："生产经营单位的决策机构、主要负责人、个人经营的投资人不依照本法规定保证安全生产所必需的资金投入，致使生产经营单位不具备安全生产条件的，责令限期改正，提供必需的资金；逾期未改正的，责令生产经营单位停产停业整顿。

生产经营单位的主要负责人未履行本法规定的安全生产管理职责的，责令限期改正；逾期未改正的，责令生产经营单位停产停业整顿。

生产经营单位的主要负责人有前款违法行为，导致发生生产安全事故，构成犯罪的，依照刑法有关规定追究刑事责任；尚不够刑事处罚的，给予撤职处分或者处二万元以上二十万元以下的罚款。

生产经营单位的主要负责人依照前款规定受刑事处罚或

者撤职处分的，自刑罚执行完毕或者受处分之日起，五年内不得担任任何生产经营单位的主要负责人。”

知识与技能

电雷管存放原则

爆破工必须把炸药、电雷管分开存放在专用的爆炸材料箱内，并加锁；严禁乱扔、乱放。爆炸材料箱必须放在顶板完好，支架完整，避开机械、电气设备的地点。爆破时必须把爆炸材料箱放到警戒线以外的安全地点。

从成束的电雷管中抽取单个电雷管时不得手拉脚线硬拽管体，也不得手拉管体硬拽脚线，应将成束的电雷管顺好，拉住前端脚线将电雷管抽出。抽出单个电雷管后，必须将其脚线扭结成短路。

爆破器材储存与管理制度

(1) 爆破器材的堆放要平稳、牢固、整齐、不准倒放，堆垛应符合有关规定；性质相抵触的爆破器材必须分库储存，储存量应小于设计容量；

(2) 炸药与雷管应分开储存，两库房的安全距离不得小于有关规定；

(3) 库区内严禁吸烟和用火，严禁将火种及易燃易爆物品带入库区；

(4) 爆破器材应设专人负责管理，24 h 值班，严禁无关人员进入库房，严禁在库房内打开装有爆破器材的箱、盒；

（5）严禁穿带有铁钉的鞋和易产生静电的化纤衣服进入库房；

（6）管理人员必须严格执行《民用爆炸物品管理条例》，做好爆破材料的验收、发放、统计制度；

（7）严守工作岗位，严格出入库、领发、退库、销毁等手续，做到出入有账，账目清楚，账物相符，做到日清月结，不得隐瞒、虚报，不做假账；

（8）发放爆炸物品时，必须检查各种证件和手续，按批准的数量发放，不得任意增加或减少，对剩余退回的爆炸物品要认真清点入库；

（9）如发现爆破器材短少、丢失、被盗等情况，必须立即报告公安机关和项目经理部领导；

（10）对用剩、过期、失效或不用的爆炸物品及时上报领导、主管部门和公安机关，交由公安机关统一处理。

救护队处理煤尘爆炸事故的行动原则

（1）处理爆炸事故时，矿山救护队的主要任务是：

1）抢救遇险人员。

2）对充满爆炸烟气的巷道恢复通风。

3）抢救人员时清理堵塞物。

4）扑灭因爆炸产生的火灾。

（2）首先到达事故矿井的小队应对灾区进行全面侦察，查清遇险、遇难人员数量及分布地点，发现幸存者立即佩戴自救器救出灾区，发现火源要立即扑灭。

（3）井筒、井底车场或石门发生爆炸时，应派1个小队救人、1个小队恢复通风。如果通风设施损坏不能恢复，应全部去救人。爆炸事故发生在采掘工作面时，派1个小队沿回风侧、另1个小队沿进风侧进入救人。

（4）为了排除爆炸产生的有毒有害气体，抢救人员要在查清确无火源的基础上尽快恢复通风。如果有害气体严重威胁回风流方向的人员，为了紧急救人，在进风方向的人员已安全撤退的情况下，采取区域反风或局部反风。这时，矿山救护队应进入原回风侧引导人员撤离灾区。

（5）矿山救护队在侦察中遇到冒顶无法通过时，侦察小队要迅速退出，寻找其他通道进入灾区。在独头巷道较长、有害气体浓度大、支架损坏严重的情况下，确知无火源、人员已经牺牲时，严禁冒险进入，要在恢复通风、维护支架后方可进入。

（6）救护小队进入灾区必须遵守下列规定：

1）进入前切断灾区电源。

2）注意检查灾区内各种有害气体的浓度，检查温度及通风设施的破坏情况。

3）穿过支架被破坏的巷道时要架好临时支架，以保证退路安全。

4）通过支护不好的地点时队员要保持一定距离，按顺序通过，不要推拉支架。

5）进入灾区行动要谨慎，防止碰撞产生火花引起爆炸。

案例精选

井下放炮未用水炮泥导致煤尘爆炸事故发生

某煤矿属低瓦斯矿井，煤尘爆炸指数大于36%，煤层有自然发火危险，发火期3～6个月。1991年3月7日8时班，井下采掘分布在六个工作面。同日，全矿分四个组进行安全大检查，下井总人数为75人。矿长刘某某所在的检查小组在检查完－150 m水平巷道后到－50 m水平检查时，看到工作面有人在打眼，有人在装药准备放炮。检查完走到五石门东60 m处时，一声巨响，冲击波几乎将人冲倒，顿时巷道煤尘弥漫，发生了一起特大煤尘爆炸事故，事故死亡35人，重伤1人，直接经济损失128万元。

事故分析

（1）违章作业。打补充炮眼距空炮眼仅10 cm，封炮时炮泥煤渣混用，没有使用水炮泥；放炮前不洒水，起爆时采用反向装药爆破，一次装药分几次放炮，严重违反《煤矿安全规程》的规定，直接导致放炮火源点燃煤尘爆炸。

（2）技术管理混乱。设计方案和矿井灾害预防与处理计划没有提出防止煤尘爆炸的具体安全技术措施。有自救器没有让工人佩戴使用，扩大了事故伤亡。

（3）缺少专业技术干部，职工素质低。全矿没有一个采矿工程师，工人大部分是临时合同工，没有对职工进行安全教育和技术培训。

法规标准

《煤矿安全规程》中关于炮眼封泥的有关规定

《煤矿安全规程》第三百二十八条："炮眼封泥应用水炮泥，水炮泥外剩余的炮眼部分应用黏土炮泥或用不燃性的、可塑性松散材料制成的炮泥封实。严禁用煤粉、块状材料或其他可燃性材料作炮眼封泥。

无封泥、封泥不足或不实的炮眼严禁爆破。"

知识与技能

装 填 炮 泥

（1）装填炮泥时，一手拉脚线，一手拿炮棍推填炮泥，用力轻轻捣实。

（2）封泥的装填顺序是：先紧靠药卷填上 30～40 mm 的水炮泥，然后装填水炮泥一至数个，在水炮泥的外端再填塞炮泥。

（3）装填水炮泥不要用力过大，以防压破。装填水炮泥外端的炮泥时，先将炮泥贴紧在眼壁上，然后轻轻捣实。

管理经验

矿山放炮员安全管理制度

（1）放炮员必须由从事井下工作三年以上、有经验并经过安全技术培训、取得合格证的同志担任。放炮员负责领取炸药、雷管、装药、放炮、处理瞎炮等工作。

（2）放炮员应遵守“四自己”“十不放”的原则：

1）“四自己”。自己领炸药雷管；自己到仓库清点炸药雷管，严禁炸药雷管携带回宿舍；自己装药，封填炮泥；自己连线，布置岗哨、发哨声和放炮。

2）“十不放”。放炮地点附近 20 m 以内的瓦斯浓度达到 1%时不放；通风不良不放；炮眼不合格、有炸翻溜子、可能炸倒支架不放；相邻工作面不联系好不放；有冒顶、可能倒支架不放；炮眼没有封泥不放；放炮地点 20 m 内有堵塞物不放；炮眼内发现出水异状，遇透水采空区不放；没设好岗哨不放；工作面所有人员不撤到安全地点不放。

（3）当天所耗炸药雷管和用剩的炸药雷管，进出仓库必须登记清楚，不吻合的必须追究责任。

（4）放炮员领炸药、雷管后，要分开装放，严禁混装。

（5）炸药雷管必须放在岗哨以外安全可靠的地方，严禁乱扔乱放。

（6）放炮员出班时，找班长、值班员证明，填写本班炸药雷管消耗用表。并将剩余的炸药雷管（包括炮）交回仓库。严禁随便转借使用。不足部分必须报告、清查。

（7）装配炸药时，要在人员少、顶板好、避开电气设备的安全地点进行。

（8）装药时，不得用铁器代替木棍作炮棍，不得用煤渣和其他杂物当作炮泥使用。采用不燃性的松软土作封泥。

（9）不准坐在炸药箱上装引配药。

（10）向炮眼内装药时，首先要清除炮眼内的煤岩粉，再用木棍将炸药轻轻推入，不得冲撞。

（11）装药时，除放炮员和班长外，工作地点不得留有其他人员。

（12）装完药后，雷管脚线要挽起，不许与运输设备、电路等导电物体相接触。

（13）放炮前，放炮员要指派专人在通至放炮地点的所有通路上担任岗哨。电缆要可靠地加以保护或运出工作面。

（14）放炮员必须在有掩护的安全地点进行放炮，放炮母线长度不得小于工作点到安全地点的距离。

（15）放炮母线和连线互相扭紧，并悬挂，不得与导电物体相接触，不准与电缆、电线、信号线等靠近。

（16）放炮母线必须使用绝缘的双线。禁止用轨道金属物体、水或大地等当作回路，必须用放炮器引爆，禁止使用其他电源放炮。

（17）放炮器的钥匙必须由放炮员随身携带，不得转交别人，不放炮时，不许将钥匙插入放炮器内，放炮后必须立即将钥匙拨出，摘掉母线并加以扭结。

（18）放炮时，放炮员必须发出信号，工作面确实无人才能放炮。

（19）严格执行“一炮三检”制度，并和班长检查工作地点的顶板、支护、瞎炮、残炮等情况，有情况应先处理后工作。

（20）通电后，炸药没有爆炸时，放炮员应先取下钥匙并将放炮母线从电源上取下扭结后，才能进行检查和处理。

（21）产生瞎炮时，在距离瞎炮眼不小于 0.3 m 处平行于瞎炮另打一炮眼装药爆破。爆破后，必须将瞎炮内的炸药雷管找全。

（22）处理瞎炮时，禁止乱拉取炸药雷管，不准拨雷管脚线。在处理瞎炮时不得留有其他人员，并做到当班瞎炮当班处理。

预防和隔绝煤尘爆炸的措施

开采有煤尘爆炸危险煤层的矿井，必须有预防和隔绝煤尘爆炸的措施。矿井的两翼、相邻的采区、相邻的煤层、相邻的采煤工作面间、煤层掘进巷道同与其相连的巷道间、煤仓同与其相连通的巷道间采用独立通风，与煤尘爆炸危险的其他地点、同与其相连通的巷道间必须用水棚或岩粉棚隔开。必须及时清除巷道中的浮煤，清扫或冲洗沉积煤尘，定期撒布岩粉；定期对主要大巷刷浆。

案例精选

吸烟引发煤尘爆炸

位于吉林省的某矿，某年12月19日丙班，出勤13人，分3个掘进头。临下班时1人提前升井，其余12人装车运煤。20日甲班出勤14人，入井后尚未开始作业，0时10分工人在477上山吸烟，烟头引发了瓦斯煤尘爆炸事故，死亡26人。

事故分析

1. 直接原因

（1）井下局部扇风机设置错误，形成循环风，造成瓦斯积聚。

（2）工人在 477 上山吸烟。

2. 间接原因

（1）严重违反安全生产法规，独眼井生产，虽有风机却为循环风。

（2）管理人员和工人素质低，没有经过必要的培训，不懂基本安全常识，缺乏安全自我保护意识。

（3）以包代管，只知要煤、要钱，忽视安全生产。

（4）有关部门监督检查不力，该井为高瓦斯矿井，没有瓦斯检查员和瓦斯检测仪器，重大事故隐患长期存在，一直没有采取安全防范技术措施。

法规标准

《煤矿安全规程》中关于职工安全培训的有关规定

《煤矿安全规程》第六条：“煤矿企业必须对职工进行安全培训。未经安全培训的，不得上岗作业。

矿务局（公司）局长（经理）、矿长必须具备安全专业知识，具有领导安全生产和处理煤矿事故的能力，并经依法培训合格，取得安全任职资格证书。

特种作业人员必须按国家有关规定培训合格，取得操作资格证书。”

知识与技能

科学设置安全教育培训内容

随着矿山地采开拓不断延伸，采掘技术不断提高和新设备、新工艺的应用，以及地质条件、生产条件、运输条件越来越复杂，势必要求员工的安全素质、能力要适应爆破、采矿、提升、动力及组织管理等系统技术，达到安全、经济和最大限度地回收利用矿产资源的目的。因此，在安全教育培训上要有针对性和实用性，内容要新而实，具有可操作性。对企业负责人应培训安全管理知识、事故造成损失、现代企业管理理念等；对安全管理人员培训安全防范措施、安全管理方法、安全标准规程等；对专业技术人员培训安全技术规程、安全技术工艺、安全岗位技能等；对操作作业人员培训安全操作规程、安全常规知识、安全保护措施及劳动纪律等。

有效开展安全教育培训方式

企业要接受安全教育培训的人员很多，细分培训对象，有利于选择多形式、多层次的培训方式。开展安全教育培训应着重抓好以下三种人员的培训：

1. 特种岗位作业人员的安全教育培训。特种作业人员安全教育培训的目标，在安全意识方面，应努力提高安全文化素质，能谨慎操作，不麻痹大意；在安全知识方面，应有较多的安全技术知识，熟悉本工种的安全操作规程；在安全技能方面，通过实践应有较熟练的安全操作技能，经过刻苦训练，避免失误；在应急能力方面，遇到异常情况时，能果断正确地采取应急措施，把事故消除在初始阶段，防止事故的扩大。

2. 安全管理人员的安全教育培训。企业安全管理人员是企业安全生产管理的具体实施者，也是企业实现安全生产的主要决定因素。随着社会的不断发展进步，企业对安全管理人员的要求越来越高，传统的只会照章检查，已不能满足企业生产、经营、管理和发展的需要。企业呼唤拥有知识基础，懂得安全生产运行规则和掌握必要管理技能的复合型安全管理人员。一要抓培训学习、充实基本功，不断获取新知识，适应安全知识不断更新的特点；二要勇于实践、善于总结，使新科技成果为我所用、为安全工作服务。

3. 新进人员的安全教育培训。针对新进人员的特点，一方面结合本矿山安全管理方法和经验，对生产设备进行多操作、多练习，充分掌握其性能，养成正确的操作习惯，减少违章操作，保障他们自身的安全；另一方面落实由老工人带领工作，熟悉本工种操作技术并经考核合格后进行独立工作，发扬过去以师带徒的好经验、好传统，营造良好的安全工作环境，使他们在实践中得到技能的提高。

案例精选

爆破炮眼深度和封泥长度不合适造成爆炸事故

某年3月20日10时5分，某煤矿发生瓦斯煤尘爆炸事故，死亡84人（其中救护队员2人），烧伤19人（其中救护队员5人）。该矿为高瓦斯矿井，煤尘具有强爆炸性。

事故发生前，有一个采区三个工作面生产，两个采区正施工中，投产时未建永久供水、瓦斯抽放、灭火注浆等设施。3 月 20 日上午，11 号工作面运输机巷和切眼即将贯通，矿组织七个单位共 96 名职工，由矿领导带队，多工种平行作业，为在贯通后抢时间出煤作开采准备工作。上午 7 时 40 分，掘一区副区长周某某到 11 工作面运输机巷迎头用 3 m 钻杆向前打眼，钻到 2.1 m 时穿透切眼左帮，经绕道查看，见穿透位置在切眼迎头下部 7 m 处一风筒中部。这时风筒距迎头四棚，通风处于正常状况。周某某观察后即转回运输机巷工作地点向班长布置工作，然后于 8 时 30 分离开工作面升井。9 时 30 分左右，放第一茬掏槽眼炮时，将贯通口的棚子崩倒，切限迎头二节风筒向后滑落和脱节，并被崩落的煤压住，使切眼迎头处于无风状态，造成瓦斯积聚。

事故分析

（1）11 工作面机巷和切眼贯通放炮时，没有检查贯通两侧的瓦斯，炮眼深度太浅，装药量过多，放炮时产生火焰引起瓦斯爆炸。

（2）煤尘大、盲巷多。据事故前的测尘记录，东部采区的煤尘浓度高达 279 mg/m^3，这次瓦斯爆炸引起煤尘飞扬，又引发了煤尘爆炸。在这个采区的掘进工作面中有 11、13 和运煤上山三条巷道在停工后没有通风，瓦斯积聚浓度高达 10%以上，仅打了栅栏未打密闭，形成了瓦斯窑，在切眼瓦斯爆炸后，这些盲巷积存的瓦斯参与爆炸，扩大了受灾面。

（3）发生事故的采区，没有按规定编制正规设计报矿务局审批；11工作面运输机巷施工，没有编制作业规程和安全措施；不顾矿井生产能力的实际可能，不合理地增加产量，在未形成正常通风风流的危险情况下，集中大量人员，突击11工作面的巷道掘进和投产准备工作。

(4) 地测人员已两次向有关部门和领导汇报巷道即将贯通，而有关部门和领导没有研究安全措施。

(5) 局部通风管理混乱。切眼迎头有两节风筒无故被摘，造成无风地段，迎头处于无风状态，积聚了瓦斯，为瓦斯爆炸埋下了隐患。

(6) 没有装备自救器，致使井下人员中毒，无法逃离灾区。

知识与技能

掏槽眼的药量要求

掏槽眼的装药量要比其他的炮眼多一些，因为它是在周围岩石夹制下和只有一个自由面条件下进行爆破的。有的爆破工怕掏槽效果不好，增加掏槽眼装药量，会给安全带来不利影响。顶板和两帮受震动过大，容易发生冒顶、离层和片帮等事故；容易崩倒支架，崩坏设备；药柱过长，如封泥不好，容易引燃引爆瓦斯和煤尘。因此，掏槽眼的装药量必须适当，封泥必须保证数量和质量，以保证爆破安全。

炮眼深度小于0.6 m时的安全措施

《煤矿安全规程》规定，炮眼深度小于0.6 m时，不得装药、放炮。在特殊情况下，如卧底、刷帮、挑顶确需浅眼爆破，必须制定安全措施，报矿总工程师批准，炮眼深度可以小于0.6 m，但炮泥必须装满。

无炮泥、炮泥不足或不实的情况下，炸药爆炸时高温高压的爆生气体和炽热的固体颗粒自炮眼内喷出，直接与瓦斯、煤尘接触，能引起瓦斯和煤尘的燃烧和爆炸。

炮眼深度小于0.6 m时的安全措施如下：

(1) 每孔装药量不得超过150 g。

(2) 炮眼必须封满炮泥。

(3) 放炮前必须在放炮地点附近洒水降尘，检查瓦斯，浓度超过1%不准放炮。

(4) 检查并牢固放炮地点附近的支架。

(5) 放炮时，必须放好警戒并有值班长在现场指挥。

案例精选

煤矿电缆保护工作不合格导致瓦斯煤尘爆炸

河南省某局五矿属于高瓦斯和具有煤尘极易爆炸危险的矿井。由于采掘紧张，安全技术措施大量欠账，被管理部门定为重点失调矿井。某年12月24日11时左右，戊0—226回风巷装煤机电缆被矿车挤坏，造成断电停风。队长张某某指派电工李某某三次处理未能排除障碍。14时20分，掘进头瓦斯积聚浓度达4%，瓦检员通知撤人，李某某不顾装煤机操作线头裸露搭接，匆忙离开现场，留下后患。调度员通知通风队工人（做技术工作的）刘某某制订排放瓦斯措施。刘某某制定措施后，不经报批，而和人下象棋，贻误时机。在未排除积聚瓦斯的情况下，17时左右，盲目向掘进头送电，使裸露搭接的线头出现火花，引起瓦斯燃烧爆炸，进而引起煤尘传导爆炸。这次事故共死亡133人，重伤8人，轻伤22人，破坏巷道2 673 m，损坏电气设备127台，电力电缆8 367 m，通风设施24处，使全矿停产25天，造成了极其恶劣的社会影响。

事故分析

1. 直接原因

（1）戊0—226回风巷矿车将掘进头处装煤机的七芯电缆挤坏，发生漏电接地，停电停风，造成巷道瓦斯积聚超限。

（2）在未排除巷道积聚瓦斯的情况下盲目送电，因装煤机电缆操纵线铜丝裸露形成短路，以致产生电火花引起瓦斯爆炸。

（3）爆炸波扬起巷内沉积的煤尘，传导煤尘爆炸。

2. 主要原因

（1）该矿长期忽视安全生产，违反《煤矿安全规程》，违章违纪现象十分严重。

（2）该矿有令不行，有禁不止，对管理部门下达的安全指令没有认真贯彻落实。矿领导对存在的重大事故隐患熟视无睹，安全管理非常混乱。

（3）特种作业人员未经专业培训，无证上岗，缺乏专业技术知识。

法规标准

《煤矿安全规程》中关于煤矿电缆保护检查的有关规定

《煤矿安全规程》第六百五十七条："露天煤矿的各种电气设备、电力和通信系统的设计、安装、验收、运行、检修、试验和安全防护等工作，必须符合国家标准。"

第六百九十四条："定期检查输配电线路的漏电保护装置的完好性，每隔6个月或在设备移动时必须检查1次漏电保护装置和自动开关，每年至少检验、调整1次漏电保护装置。"

知识与技能

巷道管线与运输设备之间的安全距离

为了保护巷道中的管线，巷道管线与运输设备最突出部分之间的安全距离应符合下列要求：

（1）新建矿井、生产矿井新掘运输巷的一侧，从巷道道渣面起1.6 m的高度内，必须留有宽0.8 m（综合机械化采煤矿井为1 m）以上的人行道，管道吊挂高度不得低于1.8 m；巷道另一侧的宽度不得小于0.3 m（综合机械化采煤矿井为0.5 m）。巷道内安设输送机时，输送机与巷帮支护的距离不得小于0.5 m；输送机机头和机尾处与巷帮支护的距离应满足设备检查和维修的需要，并不得小于0.7 m。巷道内移动变电站或平板车上综采设备的最突出部分，与巷帮支护的距离不得小于0.3 m。

（2）在人车停车地点的巷道上下人侧，从巷道道渣面起 1.6 m 的高度内，必须留有宽 1 m 以上的人行道，管道吊挂高度不得低于 1.8 m。

电缆悬挂要求

（1）电缆必须悬挂：

1）在水平巷道或倾角在 30°以下的井巷中，电缆应用吊钩悬挂。

2）在立井井筒或倾角在 30°及其以上的井巷中，电缆应用夹子、卡箍或其他夹持装置进行敷设。夹持装置应能承受电缆质量，并不得损伤电缆。

（2）水平巷道或倾斜井巷中悬挂的电缆应有适当的弛度，并能在意外受力时自由坠落。其悬挂高度应保证电缆在矿车掉道时不受撞击，在电缆坠落时不落在轨道或输送机上。

（3）电缆悬挂点间距，在水平巷道或倾斜井巷内不得超过 3 m，在立井井筒内不得超过 6 m。

（4）沿钻孔敷设的电缆必须绑紧在钢丝绳上，钻孔必须加装套管。

电缆保护及停电后恢复送电的要求

采掘工作面各种移动式采掘机械的橡套电缆必须严加保护，避免水淋、撞击、挤压和炮崩。每班必须进行检查，发现损伤，及时处理。

矿井必须有因停电和检修，主要通风机停止运转或通风系统遭到破坏以后恢复通风、排除瓦斯和送电的安全措施。恢复正常通风后，所有受到停风影响的地点都必须经过通风、瓦斯检查人员检查，证实无危险后方可恢复工作。所有安装电动机及其开关的地点附近 20 m 的巷道内都必须检查瓦斯，只有瓦斯浓度符合规程规定时，方可开启。

案例精选

未按规定实施防尘措施导致煤尘爆炸

2004 年 5 月 18 日 18 时 18 分，山西省某煤矿井下维修硐室发生一起特大煤尘爆炸事故，系工人违章在维修硐室焊接三轮车时产生的高温焊弧引爆煤尘。造成 33 人死亡，直接经济损失 293.3 万元。

该煤矿为村办集体煤矿，由蔡某个人承包经营。事故发生前，该矿的采矿许可证、煤炭生产许可证、营业执照全部过期，且未经有关部门批准擅自组织生产，属违法组织生产矿井。该矿采用竖井、斜井开拓方式，矿井采煤方式为以掘代采、放炮落煤，井下布置有南北两个生产作业区域，分别布置了 10 个和 9 个掘进头。

事故分析

1. 直接原因

该煤矿煤尘具有爆炸危险性，但该矿不按规定采取防尘措施，井下生产运输过程中煤尘飞扬，致使井下维修硐室的煤尘达到爆炸浓度；工人违章在维修硐室焊接三轮车时产生的高温焊弧引爆煤尘。

2. 间接原因

(1) 该煤矿在采矿许可证、煤炭生产许可证及营业执照已过期且未经验收合格的情况下，违法组织生产。

(2) 该煤矿安全生产管理混乱。违反《安全生产法》和《煤矿安全规程》的规定，没有保证矿井防尘方面的资金投入，没有建立完善的矿井防尘供水系统，南、北煤库均未安设喷雾洒水装置，没有预防和隔绝煤尘爆炸的措施；也没有采取及时清除巷道中的浮煤、清扫或冲洗沉积煤尘、定期撒布岩粉等措施；井下布置了 19 个掘进头，通风系统紊乱，无法将矿尘稀释排出；工人违章长期在井下使用电焊机；在没有消除矿井存在的重大事故隐患的情况下，违章指挥工人进行生产。

知识与技能

矿尘的产生与危害

1. 矿尘的产生

矿尘是指矿山生产过程中产生的并能长时间悬浮于空气中的矿石与岩石的细微颗粒，也称为粉尘。悬浮于空气中的矿尘称浮尘，已沉落的矿尘称为落尘。粉尘名称可依其产生的矿岩种类而定，如硅尘、铁矿尘、铀矿尘、煤尘、石棉尘等。矿山生产过程中，如凿岩、爆破、装运、破碎等作业都会产生大量的矿尘。

2. 矿尘的危害

采矿作业生产中产生的粉尘危害极大，它的存在不但导致生产环境的恶化，加剧机械设备的磨损，缩短机械设备的寿命，更重要的是危害职工的身体健康，导致各种职业病。

（1）对人体健康的危害。使矿工得尘肺病，直接影响到矿工的家庭幸福和煤炭行业的发展。还能引起皮肤病、眼疾、上呼吸道发炎等。

（2）有爆炸性的煤尘在一定的条件下能够发生爆炸，造成人员伤亡、设备毁坏、停产、资源浪费等。尤其是将积尘扬起，造成二次、三次的连续爆炸事故，连续爆炸是煤尘爆炸的一个重要特征，它会使矿井遭受严重破坏。

（3）影响可视度和生产效率，不利于及时发现事故隐患，容易引起伤亡事故。

（4）加速机械磨损，缩短精密仪器使用寿命。

管理经验

强化对防尘防火工作的监管

（1）煤矿应建立完善的防尘供水系统，主要运输巷、掘进巷道、煤仓及溜煤眼口、装卸载点等地点必须安设防尘供水管路。开采有煤尘爆炸危险煤层的矿井，必须有预防和隔绝煤尘爆炸的措施，及时清除巷道中的浮煤，清扫和冲洗沉积煤尘；定期撒布岩粉和对主要大巷刷浆。

（2）煤矿应建立井下防火制度，严禁在井下进行电焊、气焊和喷灯焊接工作，严禁携带烟火入井、使用灯泡取暖和使用电炉，坚决消灭井下明火、明电作业和失爆现象。

案例精选

煤矿电工带电检修电气设备导致瓦斯煤尘爆炸事故

某矿是一座正在建设的矿井，设计能力为年产 45 万吨，原设计定为三级瓦斯矿。因没按设计施工，采用了“残柱式”采煤法，将采区掘成五条上山、一条中间巷道，造成废巷 391 m，独头巷道 9 处，其中积存瓦斯 7%以上的有 7 处，2%以上有 2 处，作业环境恶劣。

3 月 14 日 9 时 58 分，右二巷上顺槽 351 上山掘进掌子因电工徐某某在局扇停风后进入掌子带电修理电钻，产生火花引起瓦斯煤尘爆炸事故。井下共有 92 人，其中死亡 70 人，伤 13 人。

事故分析

主要原因有：

（1）掘进掌子局扇停止运转，瓦斯积聚超限。

（2）电工违章带电作业，产生电火花引起瓦斯煤尘爆炸。

（3）生产秩序混乱，乱采乱挖，不按规程办事。

（4）井下通风时停时开，停风停电也不通知，机电设备无人专管、专修。

（5）各级规章制度不全，安全工作不落实，责任不清，违章指挥时有发生。

法规标准

《煤矿安全规程》中关于停止主要通风机运转的有关规定

《煤矿安全规程》第一百二十四条："因检修、停电或其他原因停止主要通风机运转时，必须制定停风措施。变电所或电厂在停电以前，必须将预计停电时间通知矿调度室。

主要通风机停止运转时，受停风影响的地点，必须立即停止工作，切断电源，工作人员先撤到进风巷道中，由值班矿长迅速决定全矿井是否停止生产、工作人员是否全部撤出。"

第七百一十六条："不得带电检修、搬迁电气设备和电缆。特殊情况带电作业时，必须采取安全措施。"

知识与技能

检修、搬迁电气设备和电缆时的安全注意事项

检修或搬迁前，必须切断电源，检查瓦斯，在其巷道风流中瓦斯浓度低于1.0%时，再用与电源电压相适应的验电笔检验；检验无电后，方可进行导体对地放电。控制设备内部安有放电装置的，不受此限。所有开关的闭锁装置必须可靠地防止擅自送电，防止擅自开盖操作，开关把手在切断电源时必须闭锁，并悬挂"有人工作，不准送电"字样的警示牌，只有执行这项工作的人员才有权取下此牌送电。

案例精选

洒水灭尘系统不完善致使发生煤尘爆炸事故

2003年10月21日10时40分，乌海市某煤矿竖井井底车场发生煤尘爆炸事故。造成死亡6人，重伤1人。

该矿井下采用畜力车和机动三轮车运输，将工作面的落煤运至竖井和斜井的井底煤仓内，然后由绞车提升至地面。由于井下工作面多（通常井下有7个工作面同时作业），畜力车和机动三轮车运输繁忙，井下煤尘很大，特别是在竖井井底车场内的煤尘更大（事故发生后，测得车场内的煤尘厚度在0.1 m以上）。矿井没有完善的洒水灭尘系统。违章放明炮（间断放了3炮），因该处煤尘较大，放炮前未进行洒水灭尘，放炮造成煤尘飞扬，明炮火焰导致煤尘爆炸。

事故分析

1. 直接原因分析

该矿在维护竖井井底车场内溜煤眼放煤口附近的支护过程中，在未采取任何安全措施的情况下，违章放明炮（间断放了3炮），因该处煤尘较大，放炮前未进行洒水灭尘，放炮造成煤尘飞扬，明炮火焰导致煤尘爆炸。

2. 间接原因分析

（1）该矿矿长、副矿长违章指挥、违章带领工人作业，在未制定和采取任何安全技术措施的情况下，违章在井底车场内连续放明炮处理顶板。

（2）该矿井下采用多头掘进、多工作面作业，运煤采用畜力车和机动三轮车运输，发生事故的地点又处在溜煤眼放煤口附近，造成井底车场内煤尘大，而在井底车场内未敷设防尘供水管路，也没有采取有效的洒水灭尘措施。

（3）该矿矿长、副矿长及特种作业人员安全操作知识缺乏、安全意识淡薄，自我防范意识差，对井下顶板的维护处理缺乏足够的经验和措施，盲目、冒险蛮干。

（4）该矿使用未经培训的无证特种作业人员上岗作业。

（5）该矿对有关部门检查中下达的指令意见落实不到位，解决不彻底。没有严格按指令要求完善矿井的防尘供水系统。

法规标准

《煤矿安全规程》中关于建立完善的防尘供水系统的有关规定

《煤矿安全规程》第一百五十二条："矿井必须建立完善的防尘供水系统。没有防尘供水管路的采掘工作面不得生产。主要运输巷、带式输送机斜井与平巷、上山与下山、采区运输巷与回风巷、采煤工作面运输巷与回风巷、掘进巷道、煤仓放煤口、溜煤眼放煤口、卸载点等地点都必须敷设防尘供水管路，并安设支管和阀门。防尘用水均应过滤。水采矿井和水采区不受此限。"

知识与技能

洒水灭尘工安全作业规程

（1）洒水灭尘工应能安装维护防尘管路、防尘设施进行防尘、灭尘。

（2）下井前应准备好所用工具和器材。

（3）采掘工作面的洒水灭尘工作应指定专人从事或由采掘工兼任。具体要求是：

1）采掘工作面机组均要设内外喷雾装置，并确保正常使用，发现不正常要及时进行修理；

2）炮采工作面和掘进工作面，放炮前必须洒水灭尘；

3）在放炮和机组割煤过程中，必须打开水幕净化风流；

4）坚持使用水炮泥和湿式钻眼法。

（4）冲刷巷道积尘和刷白巷道的操作如下：

1）刷白巷道的人员，要穿雨衣，戴口罩、防护眼镜和橡皮手套等进行工作；

2）巷道刷白前，应先将巷道积尘冲刷干净；

3）冲刷或刷白运输巷道时，应事先与运输调度联系，并在冲刷地点里外分别设岗，观察行人和车辆，当人员或车辆通过时，停止冲刷；

4）冲刷和刷白工作要顺着风流进行。

（5）洒水灭尘或刷白巷道前，先检查工作地点支架、顶帮等，如有隐患应首先进行处理，并遮盖好附近的机电设备、管线和风筒。

（6）按照规定时间对巷道进行冲刷和刷白。

案例精选

回采面无风道开采引发煤尘爆炸，救援不当导致伤亡过大

某煤矿矿井总入风量 710 m^3/min；矿井总排风量 720 m^3/min。井下安装 4 台局扇，供 6 个头，局扇总吸风量 950 m^3/min，主扇能力严重不足。相对瓦斯涌出量 12.83 m^3/t，绝对瓦斯涌出量 5 m^3/min。煤的挥发分 31%～43%，煤尘爆炸指数 17.85%。

7 月 4 日零点班 39 名工人入井作业，在开采过程中，矿井主扇能力不够，超通风能力布置工作面，四台局扇供六个工作面，局扇循环运转。无风道强制开采，放炮崩透采空区引起瓦斯煤尘爆炸。17 时 50 分煤矿救护队开始从副井入井探险，但是由于该煤矿安全救援队装备不齐全，救援人员缺乏救援常识，致使在救援过程中两名伤者没有及时得到救援导致死亡。截止 7 月 31 日，共找到 31 名遇难者，8 人下落不明。

事故分析

1. 事故直接原因

回采工作面无风道强制开采，放炮崩透采空区，引起采空区瓦斯爆炸，煤尘参与爆炸。

2. 事故间接原因

（1）矿井主扇能力不够，超通风能力布置工作面，四台局扇供六个工作面，局扇循环运转。

（2）矿井无洒水灭尘管路系统，各片盘之间无隔爆设施，导致煤尘参与瓦斯爆炸，巷道大面积破坏，人员无法撤离。

（3）矿井严重违反国家关于安全整治的有关规定，在管理部门责令该井停止生产的情况下，仍于当日下午十六时又私自恢复生产，最终导致事故发生。

知识与技能

回采工作面

在煤层或矿床的开采过程中，一般把直接进行采煤或采有用矿物的工作空间称为回采工作面，或简称为采场。

赋存在煤层之上的岩层称为顶板，或称为上覆岩层，位于煤层下方的岩层称为底板。一般把直接位于煤层上方的一层或几层性质相近的岩层称为直接顶，它通常由具有一定稳定性且易于随工作面放顶而垮落的页岩、砂页岩或粉砂岩等岩层组成。

矿山救护队员的进入灾区人数、携带装备的规定

进入灾区的救护小队队员不得少于 6 人，进入前必须检查氧气呼吸器，氧气压力不得低于 18 MPa，并按规定佩戴和使用。

救护小队必须携带 1 台全面罩氧气呼吸器和 2 个压力不低于 18 MPa 的备用氧气瓶，以及氧气呼吸器工具和备件袋。

如不能确认井筒和井底车场无有害气体，救护队员必须

在地面将氧气呼吸器佩戴好。

矿山救护队在窒息区内的行动原则

（1）在窒息区工作时，救护小队长应使队员保持在彼此能看到或听到信号的范围内。如果窒息区工作地点离新鲜风流处很近，并且在这一地点不能以全小队进行工作时，小队长可派不少于 2 名队员进入窒息区工作，并与他们利用显示信号或者音响信号保持直接联系。

（2）在窒息区工作时，任何情况下严禁指战员单独行动，严禁通过口具讲话或摘掉口具讲话。

（3）救护小队长应经常观察队员呼吸器的氧气压力，并根据氧气压力最低的 1 名队员确定整个小队的返回时间。如果小队乘电动车出发到窒息区去时，其返回所需时间应按步行所需时间计算。

3. 水灾事故案例

案例精选

越界开采导致透水事故

2005年4月24日5时30分，吉林省某煤矿发生透水，水流经该煤矿与相邻煤矿连通的溜煤眼泄入相邻煤矿，造成相邻煤矿30名矿工死亡，直接经济损失783万元。该煤矿为个人独资企业，设计生产能力4万吨/年。该矿在事故发生前，越界开采防水煤柱，属违法生产。

事故分析

经调查认定这起事故是一起责任事故，事故直接原因是：该煤矿在掘进中，违法越界开采防水煤柱，放炮导通相临煤矿采空区积水，水流泄入邻近煤矿，导致事故发生。事故的主要原因是：该煤矿无视国家法律法规，违法开采；在发现明显透水预兆后，继续违章指挥工作冒险作业；安全管理混乱，“三违”现象严重。

法规标准

《煤矿安全规程》中关于防水煤柱的有关规定

《煤矿安全规程》第五条：“职工有权制止违章作业，拒绝违章指挥；当工作地点出现险情时，有权立即停止作业，撤到安全地点；当险情没有得到处理不能保证人身安全时，有权拒绝作业。”

第二百五十九条：“相邻矿井的分界处，必须留防水煤柱。矿井以断层分界时，必须在断层两侧留有防水煤柱。防水煤柱的尺寸，应根据相邻矿井的地质构造、水文地质条件、煤层赋存条件、围岩性质、开采方法以及岩层移动规律等因素，在矿井设计中规定。严禁在各种防隔水煤柱中采掘。”

知识与技能

安全生产的“三违”

“三违”是“违章指挥，违章操作，违反劳动纪律”的简称。

违章就是违反安全管理制度、规范、章程，违反安全技术措施及交底要求所从事的活动。违章包括：作业违章，指挥违章，失职违章。作业违章是指从事各类活动的人员在过程中出现的违章行为；指挥违章是指各级承担管理职能的人员，在活动过程中出现的违章指挥行为；失职违章是指承担安全管理、监督职责的人员，在活动过程中，不履行安全管理责任而出现失职、渎职行为。

违章不一定出事（故），出事（故）必是违章，这句话很好地诠释了事故与违章的关系。根据对全国每年上百万起事故原因进行的分析证明，95%以上是由于违章而导致的。违章是发生事故的起因，事故是违章导致的后果。

事故带来的影响是深远的，损失是难以估量的，会对个人、家庭带来巨大的伤痛，对企业、社会、国家带来不可弥补的损失。因此，要保障个人的身心健康和家庭的幸福，要保障企业的长治久安和社会的和谐稳定，就要控制各类事故的发生，而控制事故发生的关键就是杜绝违章。

对溺水者的急救

（1）首先把溺水者从水中救出，立即送到较温暖、空气流通的地方进行抢救。首先要松开裤带，脱掉湿衣服，盖上干衣服，不使受凉。从现场将伤员运至安全地点时，应采取俯卧位，头低脚高位。

（2）以最快的速度检查溺水者的口鼻。因井下透水中泥沙含量多，应迅速清除口、鼻中的泥沙与污物，擦洗干净，以保持呼吸道通畅，并检查有无其他合并伤。

（3）呼吸道有水阻塞者，可先行控水，但要尽量缩短控水时间，以免耽误抢救时机。控水时尤其要注意防止胃中的流体吸入肺中。控水的方法如下：

1）使溺水者取俯卧位，救护者骑跨于伤员大腿两侧，用双手抱住伤员腹部向上提，使水流出。

2）将溺水者扛于急救者的肩上，急救者上、下耸肩或快步奔走，使水流出。

3）急救者一腿跪地，将溺水者腹部放在急救者的另一腿的大腿上，使头朝下，并压其背部，使水流出。

（4）若溺水者的呼吸已停止，心跳未停，立即做人工呼吸。若溺水者的呼吸、心跳已停或呼吸已停、心跳微弱，立即进行胸外心脏按压，同时进行口对口人工呼吸。溺水者呼吸、心跳恢复后，进行四肢向心性按摩，以促进血流循环。可给溺水者服少量浓茶或热姜汤以抗寒。透水事故中，由于水势急、冲力大、溺水者多合并其他伤，应进行合并伤的急救处理，如止血、包扎、骨折临时固定。

（5）在抢救的同时，想法通知调度室，请医生下井救治。

管理经验

加强管理，杜绝“三违”

（1）坚持“以人为本、从我做起”的理念，以杜绝“三违行为”为重点，形成先进的安全文化。

（2）做好反违章的基础工作。要通过各种形式，如用形象生动的事故录像片、典型的事故案例或发生在身边的违章事故，经常对班组成员进行教育，使全体员工认识到违章就是走向事故、靠近伤害、甚至断送生命；事故的后果是，“一害个人、二害家庭、三害集体、四害企业、五害国家”。

（3）明确反违章的工作方法。着眼于重点区域、重点部位、重要环节，全方位做好安全管理工作的预控、可控、在控。还有，要在活动期间进行监督检查，要认识到制止违章是对违章者最大的关心和爱护，是对工作、对集体极其负责的表现。处理违章人员时，要公平、公正、公开，做到“处理一个人，教育一大片，人人警钟长鸣”。

案例精选

采掘计划不合理导致透水事故

1990 年 1 月 25 日 6 时，青海省某煤矿上山掘到 100 m 处，承包此工程的农民承包队早班民工陆续下井作业。24 日夜班班长向早班副班长交代了因工作面潮湿放炮不响，没有完成进度等情况。25 日 8 时左右，早班放一炮后又打了 3 个炮眼。9 时许，该煤矿生产科副科长来到工作面挂中线，检查上山方位。此时掘进头最右边刚刚打好的一个炮眼出水。挂完中线见炮眼继续淌水，约 10 时升井到副矿长家汇报井下情况未遇，便返回宿舍。此时听到有人喊：“井下出水了”。当时井下作业的共有 21 人，有 6 人脱险，其他 15 人死亡。

事故分析

（1）施工建井无设计方案。该煤矿新井仅凭一个“立井开发方案的构思和工程、设备概况明细表”就开工建井。从立井建设准备到开工，仅凭几位技术人员商议研究勾画示意图就确定开拓方式和井口位置。

（2）技术审批把关不严。该煤矿在新井开工 4 个月后才向工商局报了一个“关于申请新井施工方案的报告”，而工商局在无设计文件、无图纸的情况下做了同意的批复。

(3) 没有慎重考虑地质报告的意见，凭经验搞决策，见到煤层后急于打上山，造成巷道方位失控，掘透积水区。

(4) 现场管理不严，职工技术素质低，遇到险情不能果断停工撤人。24 日夜班因矿方无人跟班，现场安全生产管理检查工作出现空当。包工队的农民不懂安全技术常识，对掘进头出现的淋水、放炮困难、瓦斯减少等透水预兆没有向矿方反映。25 日早班矿方跟班发现掘进头炮眼内淌水的危险信号后没有采取果断措施停止作业、撤出人员。

法规标准

《煤矿安全规程》中关于做好采区水文地质探查工作的有关规定

《煤矿安全规程》第二百六十七条："矿井必须做好采区、工作面水文地质探查工作，选用物探、钻探、化探和水文地质实验等手段查明构造发育情况及其导水性，主要含水层厚度、岩性、水质、水压以及隔水层岩性和厚度等。"

第二百七十一条："水文地质条件复杂的矿井，当开拓到设计水平，只有在建成防、排水系统后，方可开始向有突水危险地区开拓掘进。"

知识与技能

编制采掘计划的步骤和方法

1. 建立宏观调控能力

编制采掘计划前，必须仔细阅读矿山初步设计和各系统设计资料，了解设计意图，建立矿山宏观调控能力，掌握矿山设计年产量，投产、达产时间和投产规模，确定发展各阶段的任务目标。认真理解规划设计思想、各项指标的选取，对各工序流程要熟知于心，并充分运用于计划编制的思路中，汇入计划文本中，融会贯通。

2. 现场调查获取第一手信息资料

矿山生产是一个典型的动态生产过程，需要及时与管理部门和生产车间进行沟通，及时掌握信息反馈。在编排计划时参照现场信息，适时进行调整。第一手资料的获得主要依靠日常工作的积累，主要方法有：统计表法、询问法和现场了解法。统计表法最为有效和常用。在日常工作过程中，必须按照矿山生产各流程特点，对技术经济指标必须及时统计分析，建立健全生产信息台账，并及时与基层单位沟通信息，为采掘计划编制提供强有力的科学数据。

3. 采掘顺序调整

编制采掘计划时，针对多层矿体、多中段采充作业的现状，结合中长期计划，在开采区段的纵向和横向上，对中段、矿体间的采充制约关系、开采顺序，要按照采掘状态表(图)，严密排出回采顺序和生产组织要求，确保开采有序、高效进行。

4. 系统能力校核

按照矿山产量要求，编排出采矿、掘进、供矿和充填计划后，必须结合压风、供水、供电、提升、通风、运输、选矿、充填、施工队伍等矿山系统工程能力，校验采掘计划指标的合理与否，相互冲突时需进一步调整，直到各项计划产量与系统能力相匹配为止。

5. 确定合理的经济开采品位

采掘计划安排开采品位时，要按照矿山发展的产量需要，结合采选运等系统能力、市场经济价格，在开采技术可行、安全可靠及资源利用率最大化的前提下，研究产出和投入的合理关系，选取合理的经济开采品位。

6. 产出投入正反推法

先按照现有井下生产能力，推导出可具备的产量能力，再按照矿山各系统、人力、资源和资金的配置，反推矿山实际可具备的生产能力，最终得到一个科学合理的产出与投入指标。产出投入比不相匹配时需及时再调整，直到平衡、相对匹配为止。

矿山采掘计划编制原则

（1）本着各项指标先进、资源配置优化、工艺经济合理及效益最大化原则，在现阶段开采技术、经济合理的前提下，达到或超过设计产量。

（2）按照矿山多层矿体的条件、特点，坚持贫富、厚薄、大小兼采的原则，科学合理安排矿体间、中段间、矿体和矿柱间、采空间的采充顺序，在经济安全的前提下，最大化地利用矿产资源，并达产达标。

（3）依托矿山科技进步和技术创新手段，利用科研新成果，充分提高科技对生产的贡献率，努力提高产品产量，减少投入，获取良好的经济技术指标。

（4）安排矿山整体产量时，重点考虑矿山中长期生产持续接替工程的建设，抓住生产建设主线，确保重点工程的实施和建设。

（5）产量编排时，要充分考虑矿山八大系统现状及其产量匹配的科学合理性，系统能力与产量相适应。

矿井发生水灾原因

（1）地面防洪、防水措施不当或管理不善，地表水（多为雨季降水）大量灌入井下，造成水灾。

（2）水文地质情况不清，井巷接近老空积水区、充水断层、陷落柱、强含水层以及打开隔离煤柱，未执行探放水制度，盲目施工，或者虽然进行了探水，但措施不当。

（3）井巷位置设计不当。如将井巷置于不良地质条件中或过分接近强含水层等水源，导致施工后，因地压和水压共同作用而发生顶、底板透水。

（4）井巷施工质量伪劣，致使矿井井巷严重塌落、冒顶、跑砂导致透水，或工程钻孔在固井止水前误穿巷道，导致顶板含水透水。

（5）测量错误，导致巷道穿透积水区。

（6）井下无防水闸门或虽有但管理、组织不当，造成透水时无作用而淹井。

（7）出现透水预兆未觉察或未被重视或处理不当造成透水。

（8）排水设备能力不足或设备不完好。

（9）排水设备平时维护不当。如水仓不按时清挖，储水能力不足而淹井。

（10）其他原因。

案例精选

越界进入季节性河槽下开采导致透水事故

海南某矿井采用二级排水，总水仓使用2台22 kW的水泵向地面排水，事故发生前，矿井昼夜排水量约2 000 m^3。2004年4月30日早班，带班班长何某带领31名工人（安全工1名，炮工2名，三轮车司机16名，装车工12名）入井作业，分布在8个工作面出煤。约9时20分，炮工刘某和梁某在西巷工作面放炮时，发生透水事故。在距透水点30 m处躲炮的三轮车司机黄某和在附近工作面作业的工人，在听到放炮声的同时发现有水涌入他们的工作面，他们立即向地面逃生，17名矿工跑出地面，并向该矿负责人报告了事故。但是，井下仍有15名矿工被困。

事故分析

1. 直接原因

（1）该矿没有制订防水计划，且越界进入季节性河槽下开采，自然涌水量大，矿井南部有多处与另一煤矿二号井16＃煤层积水老空区相邻。

（2）该矿矿长违章指挥工人越界开采，巷道越界248 m，冒险进入积水老空区下作业。

（3）在未采取有效探放水技术措施的情况下，工人在掘进工作面放炮时与积水老空区打透，导致透水事故发生。

2. 间接原因

（1）该煤矿安全评价为D类煤矿后，有关部门给该矿下达了停产整顿指令，该矿在不具备安全生产条件下，拒不执行有关部门下达的停产整顿指令，擅自恢复生产，违章冒险作业。

（2）该煤矿安全管理机构不健全，没有专管安全的副矿长，井下作业以包带管，没有专职技术人员，没有制定符合实际的规章制度、作业规程、灾害预防计划，没有采取有效的井下探放水安全技术措施。

（3）矿井采用非正规采煤方法生产，超能力出煤，对矿井存在的重大透水事故隐患重视不够，防范措施不落实。

（4）矿长及井下作业人员安全意识淡薄，工人安全技术素质差。

法规标准

《煤矿安全规程》中关于防治水计划的有关规定

《煤矿安全规程》第二百五十一条：“煤矿企业应查明矿区和矿井的水文地质条件，编制中长期防治水规划和年度防治水计划，并组织实施。

煤矿企业必须定期收集、调查和核对相邻煤矿和废弃的老窑情况，并在井上、下工程对照图上标出其井田位置、开采范围、开采年限、积水情况。”

知识与技能

透　水

矿山地下开采、隧道开挖过程中，意外水源造成的伤害事故称透水。

矿井在建设和生产过程中，地面水和地下水通过裂隙、断层、塌陷区等各种通道涌入矿井，当矿井涌水超过正常排水能力时，就造成矿井水灾，通常称为透水。

井下主要排水设备的安全要求

主要排水设备应符合下列要求：

(1) 水泵。必须有工作、备用和检修的水泵。工作水泵的能力，应能在 20 h 内排出矿井 24 h 的正常涌水量（包括充填水及其他用水）。备用水泵的能力应不小于工作水泵能力的 70%。工作和备用水泵的总能力，应能在 20 h 内排出矿井 24 h 的最大涌水量。检修水泵的能力应不小于工作水泵能力的 25%。水文地质条件复杂的矿井，可在主泵房内预留一定数量安装水泵的位置。

(2) 水管。必须有工作和备用的水管。工作水管的能力应能配合工作水泵在 20 h 内排出矿井 24 h 的正常涌水量。工作和备用水管的总能力，应能配合工作和备用水泵在 20 h 内排出矿井 24 h 的最大涌水量。

(3) 配电设备。应同工作、备用以及检修水泵相适应，并能够同时开动工作和备用水泵。

有突水淹井危险的矿井，可另行增建抗灾强排能力泵房。

对井下主要泵房和主要水仓的安全要求

1. 主要泵房

主要泵房至少有 2 个出口，一个出口用斜巷通到井筒，并应高出泵房底板 7 m 以上；另一个出口通到井底车场，在此出口通路内，应设置易于关闭的既能防水又能防火的密闭门。泵房和水仓的连接通道，应设置可靠的控制闸门。

2. 主要水仓

主要水仓必须有主仓和副仓，当一个水仓清理时，另一个水仓能正常使用。

新建、改建、扩建矿井或生产矿井的新水平，正常涌水量在 1 000 m^3/h 以下时，主要水仓的有效容量应能容纳 8 h 的正常涌水量。

主要水仓的总有效容量不得小于 4 h 的矿井正常涌水量。

采区水仓的有效容量应能容纳 4 h 的采区正常涌水量。

矿井最大涌水量和正常涌水量相差特大的矿井，对排水能力、水仓容量应编制专门设计。

水仓进口处应设置箅子。对水沙充填、水力采煤和其他涌水中带有大量杂质的矿井，还应设置沉淀池。水仓的空仓容量必须经常保持在总容量的 50%以上。

管理经验

加大监督，落实防治水工作

（1）煤矿企业应认真执行“有疑必探、先探后掘”的规定，杜绝违章指挥、违章作业等现象的发生。建立健全防治水组织机构，完善队伍，加强矿井防治水技术管理工作。

（2）对矿井水文地质资料不清、防排水系统不完善、存在老窑积水等重大水灾隐患、盲目生产的煤矿要停产整顿；对超层越界开采，甚至开采保安煤柱、防水煤柱，擅自提高开采上限的，要坚决予以纠正。

案例精选

破坏防水煤柱导致透水事故

2006 年 5 月 18 日 19 时 36 分，山西省某煤矿发生特别重大透水事故，造成 56 人死亡，直接经济损失 5 312 万元。该煤矿在多条巷道透水征兆十分明显的情况下，未采取有效措施，仍违法在采空区附近组织生产，破坏了采空积水区有限的安全煤柱，导致了事故发生。

事故分析

1. 事故的直接原因

该煤矿在多条巷道透水征兆十分明显的情况下，未采取有效措施，仍违法在采空区附近组织生产，冒险作业，由于受放炮震裂松动、水压浸泡以及采掘活动带来的矿山压力变化影响，破坏了采空积水区有限的安全煤柱，导致了事故发生。

2. 事故的主要原因

煤矿违法违规开采，严重超能力、超强度和超定员生产；安全管理极其混乱；层层转包，以包代管；火工品管理混乱；井下大量使用非防爆设备；违章指挥，冒险蛮干；在办证中提供虚假材料。

法规标准

《煤矿安全规程》中关于采掘工作面发现突水预兆时停止作业的有关规定

《煤矿安全规程》第二百六十六条：“采掘工作面或其他地点发现有挂红、挂汗、空气变冷、出现雾气、水叫、顶板淋水加大、顶板来压、底板鼓起或产生裂隙出现渗水、水色发浑、有臭味等突水预兆时，必须停止作业，采取措施，立即报告矿调度室，发出警报，撤出所有受水威胁地点的人员。”

知识与技能

防水煤柱的类型和留设原则

在水体下、含水层下、承压含水层上或导水断层附近采掘时，为防止地表水或地下水溃入工作地点，需要留出一定宽度或高度的煤（岩）层不采动，这部分煤（岩）层称为防隔水煤（岩）柱或防水煤（岩）柱。根据防水煤（岩）柱所处的位置，可以分成不同的类型。

1. 常用的防水煤（岩）柱类型

（1）断层防水煤（岩）柱。在导水或含水断层两侧，为防止断层水溃入井下而留设的煤（岩）柱，或当断层与强含水层接触或接近时，为防止含水层水溃入井下而留设的煤柱。

（2）井田边界煤柱。相邻两井田以技术边界分隔时，为防止一个矿井淹没（由突水或矿井报废引起）后影响另一个矿井的安全生产而留设的煤柱。

（3）上、下水平（或相邻采区）防水煤（岩）柱。在上、下两水平（或相邻两采区）之间留设的防水煤（岩）柱。这种煤（岩）柱为暂时性的煤（岩）柱，在上、下两水平（或相邻两采区）开采末期或透水威胁消除后，这部分煤（岩）柱中的煤，仍然可以回收。

（4）水淹区防水煤（岩）柱。在水淹区（包括老窑积水区）四周和上、下水平留设的防止水淹区水溃入井下采掘工作面的煤（岩）柱。

（5）地表水体防水煤（岩）柱。为防止采煤后地表水经塌陷裂缝溃入井下而留设的煤（岩）柱。

（6）冲积层防水煤（岩）柱。为防止采煤后上覆冲积层中的强含水层水溃入井下而留设的煤（岩）柱。

2. 防水煤（岩）柱的留设原则

（1）在有突水威胁但又不宜疏放（疏放会造成成本大大提高时）的地区采掘时，必须留设防水煤（岩）柱。

（2）防水煤柱一般不能再利用，故要在安全可靠的基础上把煤柱的宽度或高度降低到最低限度，以提高资源利用率。为了多采煤炭，充分利用资源，也可以用采后充填、疏水降压、改造含水层（充填岩溶裂隙）等方法，消除突水威胁，创造少留煤柱的条件。

（3）留设的防水煤（岩）柱必须与当地的地质构造、水文地质条件、煤层赋存条件、围岩的物理力学性质、煤层的组合结构方式等自然因素密切结合，还要与采煤方法、开采强度、支护形式等人为因素互相适应。

(4) 一个井田或一个水文地质单元的防水煤（岩）柱应该在它的总体开采设计中确定，即开采方式和井巷布局必须与各种煤柱的留设相适应，否则会给以后煤柱的留设造成极大的困难，甚至无法留设。

(5) 在多煤层地区，各煤层的防水煤（岩）柱必须统一考虑确定，以免某一煤层的开采破坏另一煤层的煤（岩）柱，致使整个防水煤（岩）柱失效。

(6) 在同一地点有两种或两种以上留设煤（岩）柱的要求时，所留设的煤（岩）柱必须满足各个留设煤（岩）柱的要求。

(7) 对防水煤（岩）柱的维护要特别严格，因为煤（岩）柱的任何一处被破坏，必将造成整个煤（岩）柱失效。防水煤（岩）柱一经留设即不得破坏，巷道必须穿过煤柱时，必须采取加固巷道、修建防水闸门和其他防水设施，保护煤（岩）柱的完整性。

(8) 留设防水煤（岩）柱所需要的数据必须在本地区取得，邻区或外地的数据只能参考，如果需要采用，应适当加大安全系数。

(9) 防水岩柱中必须有一定厚度的黏土质隔水岩层或裂隙不发育、含水性极弱的岩层，否则防水岩柱将无隔水作用。

案例精选

未掌握井巷工程平面图开采防水煤柱导致透水事故

2000 年 5 月 4 日，辽宁省某煤矿当班下井工人 14 人，分别在左四路、左六路、左七路作业。早 7 时 30 分，班前会后工人入井，四路、六路掌子头各打 3 个炮眼，放一遍炮，大约出 5、6 车煤，当干到上午 10 时 50 分时，正在左四路斜上采煤工作面用铁锹往独轮车上装煤的工人李某，突然发现煤冲着他来，并感觉到有一股约五六级大的凉风扑来，他就边喊人边同在左四路作业的鞠某、吴某一起朝井上跑。途中，碰到带班班长李某，告诉李工作面出水了，李想通知左六路和左七路作业人员撤退时，已经来不及，水已上涨至＋120 m。井下无一人生还。

事故分析

（1）该矿在没有准确掌握煤矿已采的保安煤柱和其他记载较全的井巷工程平面图的情况下，越界冒险蛮干，乱采乱掘。不但采了保安煤柱，而且还采过河床底部煤柱，到靠邻近矿三区一侧煤柱中开采，共计进入煤柱 57 m。当左四路斜上工作面与左六路上山采煤工作面贯通时，已接近邻近矿三区五路右顺槽第一采煤上山上部采煤巷采空区，加上两个工作面同时在贯通地点放炮出煤，造成与邻近矿三区老采空区的隔水煤柱自由面增大，抗压强度降低，在约 0.45 MPa 水压的作用下，放炮后不到 2 h，老空水鼓开煤壁，淹了矿井，导致死亡 10 人的特大透水事故。

（2）矿井管理混乱，矿主法制观念淡薄，长期违法组织生产，明知已在水体下采煤，在既没有划定出积水预测区，又无安全措施的情况下采煤，是造成这次事故的主要原因。

法规标准

《煤矿安全规程》中关于编制采区设计的有关规定

《煤矿安全规程》第四十八条：“采区开采前必须编制采区设计，并严格按照采区设计组织施工。一个采区内同一煤层的一翼最多只能布置1个回采工作面和2个掘进工作面同时作业。

一个采区内同一煤层双翼开采或多煤层开采的，该采区最多只能布置2个回采工作面和4个掘进工作面同时作业。

严禁在采煤工作面范围内再布置另一采煤工作面同时作业。

采掘过程中严禁任意扩大和缩小设计规定的煤柱。采空区内不得遗留未经设计规定的煤柱。

严禁破坏工业场地、矿界、防水和井巷等的安全煤柱。

突出矿井、高瓦斯矿井、低瓦斯矿井高瓦斯区域的采煤工作面，不得采用前进式采煤方法。”

知识与技能

煤矿必须填绘的图纸

井工煤矿必须及时填绘反映实际情况的下列图纸：

（1）矿井地质和水文地质图。

(2) 井上、下对照图。

(3) 巷道布置图。

(4) 采掘工程平面图。

(5) 通风系统图。

(6) 井下运输系统图。

(7) 安全监测装备布置图。

(8) 排水、防尘、防火注浆、压风、充填、抽放瓦斯等管路系统图。

(9) 井下通信系统图。

(10) 井上、下配电系统图和井下电气设备布置图。

(11) 井下避灾路线图。

露天煤矿必须及时填绘反映实际情况的下列图纸：

(1) 地形地质图。

(2) 工程地质平面图、断面图，综合水文地质平面图。

(3) 采剥工程平面图、断面图。

(4) 排土工程平面图。

(5) 运输系统图。

(6) 输配电系统图。

(7) 通信系统图。

(8) 防排水系统及排水设备布置图。

(9) 边坡监测系统平面图、断面图。

(10) 井工老空与露天矿平面对照图。

管理经验

掌握矿井地质条件，提高员工素质

（1）应查明矿区和矿井的水文地质条件，编制中长期防治水规划和年度防治水计划，并组织实施。

（2）职工应提高安全和法律意识，合理而安全地开采。

（3）煤矿工人应提高生产技术素质，科学有效地生产。

案例精选

探放水措施不当导致透水事故

2000 年 1 月 11 日 9 时 53 分，徐州某煤矿一号井－320 水平西一采区 3201 工作面材料道掘进迎头发生一起透水事故。事故波及西一采区－320 水平以下的 3301 工作面、3302 工作面和 342 修护头，波及巷道总长度为 1 094 m，造成该区域内作业的 63 名矿工被困。经过全力抢险，41 人生还，22 人遇难。

2000 年 1 月 11 日夜班，外联三区当班副区长胡某带领工人先用煤电钻打了 3 个探眼，没发现异常，后用风镐掘进，发现煤体发潮变软。约 9 时 40 分听到迎头传出“呼啦、呼啦”的响声，现场 11 人就沿材料上山往下跑，跑到 20～30 m 时，水量增大，跑到上山下口 20～30 m 处，多数人已被冲倒。涌水携带着煤炭、碎石材料和杂物沿一部电绞车道往下翻滚，波及二部电绞车道、3301 工作面、3305 工作面、342 修护头、造成 65 人被困。技术组最终认定，此次事故的出水时间为9时40分；井下发现事故后的报告时间为9时53分；事故的总涌水量为1 000 m^3左右。

事故分析

经事故调查组认定，这是一起重大责任事故。

1. 事故的直接原因

（1）对采空区水情认识不足，水害预报的分析不够深入细致，提供的水文资料不准确，致使预计可能存在的老塘积水量与实际涌出量差距很大，造成各级领导轻视了该工作面的水害预防工作，而据此制定的探放水措施又不当，是导致这起透水事故发生的直接原因。

（2）迎头发现出水征兆后，未能按规定及时汇报，延误了宝贵的通知撤人时间，是造成这起事故后果扩大的直接原因。

2. 事故的间接原因

（1）制定的探放水措施不当，探眼深度和角度均不符合有关规定的要求，是造成这起事故的重要原因。

（2）区域性生产系统不完善，顶板压力大，巷道断面小、不畅通，矿井处于收缩报废阶段，生产作业人员相对集中，是造成事故伤亡人员增加的重要原因。

（3）现场安全管理松懈，监督检查不力，不能及时掌握现场的实际情况；在现场出现问题时，又未能及时发现和处理，是造成这起事故的原因之一。

（4）矿井衰老，经济困难，负担沉重，领导在安全生产的管理上精力分散，安全工作相对削弱，也是造成这起事故的原因之一。

法规标准

《煤矿安全规程》中关于探放水措施的有关规定

《煤矿安全规程》第二百六十二条："水淹区积水面以下的煤岩层中的采掘工作，应在排除积水以后进行；如果无法排除积水，必须编制设计，由企业主要负责人审批后，方可进行。"

知识与技能

探放水的目的和原则

1. 探水的目的

探水是指采矿过程中用超前勘探方法查明采掘工作面顶底板、侧帮和前方的含水构造（包括陷落柱）、含水层、积水老窑等水体的具体位置、产状等，其目的是为有效地防治矿井水害做好必要的准备。

2. 探放水的原则

采掘工作必须执行"有疑必探，先探后掘"的原则，因而遇到下列情况之一时，必须探水。

（1）接近水淹的井巷、老空、老窑或小窑时。

（2）接近含水层、导水断层、含水裂隙密集带、溶洞和陷落柱时，或通过它们之前。

（3）打开隔离煤柱放水前。

（4）接近可能与河流、湖泊、水库、蓄水池、水井等相通的断层破碎带或裂隙发育带时。

(5) 接近可能涌（突）水的钻孔时。

(6) 接近有水或稀泥的灌浆区时。

(7) 采动影响范围内有承压含水层或含水构造，或煤层与含水层间的隔水岩柱厚度不清楚，可能突水时。

(8) 接近矿井水文地质条件复杂的地段，采掘工作有涌（突）水预兆或情况不明时。

(9) 采掘工程接近其他可能涌（突）水地段时。

探放老空水的工程设计内容和探放原则

小煤窑或矿井采掘的废巷老空积水，其几何形状极不规则，积水量大者可达数百万立方米，一旦采掘工作面接近或揭露它们时，常常造成突水淹井及人身伤亡事故，故必须预先进行探放老空水。

1. 探放水工程设计内容

(1) 探放水巷道推进的工作面和周围的水文地质条件，如老空积水范围，积水量，确切的水头高度（水压），正常涌水量，老空与上下采空区、相邻积水区、地表河流、建筑物及断层构造的关系等，以及积水区与其他含水层的水力联系程度。

(2) 探放水巷道的开拓方向、施工次序、规格和支护形式。

(3) 探放水钻孔组数、个数、方向、角度、深度和施工技术要求及采用的超前距与帮距。

(4) 探放水施工与掘进工作的安全规定。

（5）受水威胁地区信号联系和避灾路线的确定。

（6）通风措施和瓦斯检查制度。

（7）防排水设施，如水闸门、水闸墙等的设计以及水仓、水泵、管路和水沟等排水系统及能力的具体安排。

（8）水情及避灾联系汇报制度和灾害处理措施。

（9）附老空位置及积水区与现采区的关系图、探放水孔布置的平面图和剖面图等。

2. 探放老空水的原则

探放老空水除了要遵循探放水原则外，还应遵循下述探放老空水的具体原则。

（1）积极探放。当老空区不在河沟或重要建筑物下面，排放老空区内积水不会过分加重矿井排水负担，且积水区之下又有大量的煤炭资源待开采时，这部分积水应千方百计地放出来，以彻底解除水患。

（2）先隔离后探放。与地表水有密切水力联系且雨季可能接受大量补充的老空水，老空区的积水量较大，水质不好（酸性大），为避免负担长期排水费用，对这种积水区应先设法隔断或减少其补给水量，然后再进行探水，若隔断水源有困难，无法进行有效的探放，则应留设煤、岩柱与生产区隔开，待到矿井生产后期再进行处理。

（3）先降压后探放。对水量大、水压高的积水区，应先从顶、底板岩层打穿层放水孔，把水压降下来，然后再沿煤层打探水钻孔。

（4）先堵后探放。当老空区为强含水层水或被其他大小水源水所淹没，出水点有很大的补给量时，一般应先封堵出水点，而后再探放水。

案例精选

防治水措施无效导致透水事故

某年6月22日11时50分，湖南省某煤矿六平巷6上山掘进当头发生一起特大突水事故。突水量400 m^3 以上，死亡11人。

6月22日11时50分，在六平巷6上山作业的拖煤工彭某突然感觉有一股冷风从当头冲出，并听到水响声，同时闻到酸臭味，知道发生了透水事故。彭即大喊“穿水了”，并马上向外逃跑。正在附近的李某、赵某跟着大喊，并分别指挥工人撤离。突水持续10 min左右停止。李某、赵某跑到6平巷口见水没有继续流过来又返回，在1上山口帮助11人脱离险区。事故发生后，井下共有31人逃出，12人被困。

事故分析

（1）没有完全有效的防治水措施，煤矿东翼不足200 m范围内分布有6处老窑，其中5号老窑采深达120 m以上，已接近该矿六平巷6上山当头，窑内存有大量积水，随时有突水的危险。

（2）当班工人用手镐落煤，随着煤体的挖落和自重垮落（急倾斜煤层），当头与老窑积水区的煤体厚度不断减小，阻水强度不断减弱，在老窑积水压力作用下，残留煤体最终被击穿，大量老窑水突然涌出，造成穿水事故。

(3) 该矿生产方式十分原始落后，矿井排水系统、提升系统、通风系统、巷道设计等极不合理，隐患严重，不具备安全生产的基本条件。

知识与技能

矿井水灾的预测和突水预兆

1. 矿井水灾的预测

矿井水灾的预测是指矿井在开采前根据地质勘探的水文地质资料及专门进行的水害调查资料，确定矿井水灾的危险程度，并编制矿井水灾预测图。

(1) 矿井水灾危险程度的确定:

1) 用突水系数来确定矿井水害的危险程度。突水系数是含水层中静水压力 (kPa) 与隔水层厚度 (m) 的比值，其物理意义是单位隔水层厚度所能承受的极限水压值。

2) 按水文地质的影响因素来确定矿井水害的危险程度。该方法是按水文地质的复杂程度将矿区的水害危险程度划分为5个等级。

(2) 矿井水灾预测图的编制。根据隔水层厚度和矿区各地段的水压值，计算某开采水平的突水系数，编制相应比例的简单突水预测图，然后根据矿区突水系数的临界值，圈定安全区和危险区。水灾预测图的另一种编制方法是在开采平面图上圈定地下水灾的等级区域，据此制定最佳矿井规划和防治水害的措施，加强危险区域的监测，保证安全生产。

2. 矿井突水预兆

矿井突水过程主要决定于矿井水文地质及采掘现场条

件。一般突水事故可归纳为两种情况：一种是突水水量小于矿井最大排水能力，地下水形成稳定的降落漏斗，迫使矿井长期大量排水；另一种是突水水量超过矿井的最大排水能力，造成整个矿井或局部采区淹没。在各类突水事故发生之前，一般均会显示出多种突水预兆。

（1）一般预兆：

1）煤层变潮湿、松软；煤帮出现滴水、淋水现象，且淋水由小变大；有时煤帮出现铁锈色水迹。

2）工作面气温降低，或出现雾气或硫化氢气味。

3）有时可闻到水的“嘶嘶”声。

4）矿压增大，发生片帮，冒顶及底鼓。

（2）工作面底板灰岩含水层突水预兆：

1）工作面压力增大，底板鼓起，底鼓量有时可达500 mm以上。

2）工作面底板产生裂隙，并逐渐增大。

3）沿裂隙或煤帮向外渗水，随着裂隙的增大，水量增加。当底板渗水量增大到一定程度时，煤帮渗水可能停止，此时水色时清时浊，底板活动时水变浑浊；底板稳定时水色变清。

4）底板破裂，沿裂缝有高压水喷出，并伴有“嘶嘶”声或刺耳水声。

5）底板发生“底爆”，伴有巨响，地下水大量涌出，水色呈乳白或黄色。

（3）松散孔隙含水层水突水预兆：

1）突水部位发潮、滴水，且滴水现象逐渐增大，仔细观察发现水中含有少量细沙。

2）发生局部冒顶，水量突增并出现流沙，流沙常呈间歇性，水色时清时浑，总的趋势是水量、沙量增加，直至流沙大量涌出。

3）顶板发生溃水、溃沙，这种现象可能影响到地表，致使地表出现塌陷坑。

以上预兆是典型的情况，在具体的突水事故过程中，并不一定全部表现出来，所以应该细心观察，认真分析、判断。煤矿应做好汛期防水工作。

矿井透水事故的抢救处理

发生透水事故后常常有人被困井下，指挥人员应本着“救人是第一任务”的原则，争时间抢速度，采取有效措施使他们早日脱险。透水事故发生后，应正确判断遇险人员可能躲避的地点，科学分析该地点是否具有人员生存的条件，然后积极组织力量进行抢救。当躲避地点比外部水位高时，遇险人员可能生存，对于这些地点的人员，应利用一切可能的方法（打钻或掘一段巷道）向他们输送新鲜空气、饮料和食物，以延长待救时间。当避难地点比外部水位低时，存在两种情况：

（1）突水时洪水能直接涌入位于突水点下部的巷道（如平巷、下山），并将其淹没，一般情况下，这些地点不会有空气存在，也就不具备人员生存的条件。然而，多次出现过人员躲在这些巷道高冒处获救的案例。

（2）当突水点下部巷道全断面被水淹没后，与该巷道相通的独头上山等上部独头巷道，如不漏气，即使低于外部最高水位时也不会全部被淹没，仍有空气存在。在这些地点躲避的人员具备生存的条件，如果避难方法正确（心情平静、适量喝水、躺卧待救）是能生还的。某年 5 月 20 日内蒙古乌盟矿区地面降雨冲入矿井下，13 人被困，其中有 1 人在井下避灾 34 天后生还出井。很多类似这样的事例说明，突水事故发生后，有些地点具有人员生存条件的，即使较长时间也可能生还。对于那些低于外部水位的避难地点，严禁打钻，防止独头空气外泄，水位上升，淹没遇险人员。最好的办法是加速排水，争取早日营救。

案例精选

无防治水措施导致透水事故

某年5月15日19时50分，湖南省某煤矿原2#煤平巷采煤巷道内发生一起突水特大事故。突水经2#煤平巷，沿暗斜井直灌下部5#、6#煤作业区，导致10人遇难，在抢救事故过程中冒顶又有2人死亡。

5月15日下午班（该矿二班生产），新区生产工人13人，其中6#煤巷6人，5#煤巷4人，装车3人。6#煤巷小工刘某在15时左右因与班长发生争执提前出井，井下实际作业人员为12人。19时50分，装车工陈某在井底车场看到斜井有大量涌水和飞石冲下来，感到已发生突水，在呼唤其他工人后逆水往上冲，在运输大巷装车的马某、管某、廖某听到响声，看到来水后也往上冲，除廖某未冲出、陈某在斜井被砌碹料石垮落压住外，马、管二人抓住钢丝绳往上爬，被及时赶来抢救的人员救出井口。新区作业的 12 名工人有 10 人遇难。

事故分析

（1）该矿地表及周围废弃小窑多，且相互连通，窑内存有大量积水，但矿主没有采取任何防治水措施。五月份连降大雨，地下水位迅速升高，压力急剧增大，鼓穿了 2＃煤采空区与老窑之间的残留煤体，瞬间大量积水突然涌出，溃入井底，造成水害。

（2）乱采滥挖，任意在新区唯一的暗斜井井筒中开门采 2＃煤。当年 1 月发现 2＃煤巷当头煤体潮湿，有渗水异常现象，但只是简单地转移作业地点，而没有采取有效措施进行处理，以致造成此次大量突水直灌井下各作业地点。

（3）新区只有唯一的暗斜井，与风井未贯通，没有形成两个安全出口，突水后，工人无逃生通道。

（4）该矿无合理的排水系统，无正规水仓及合理的防排水设施，仅几台很少使用的潜水泵，突水后无法迅速抢排大量涌水。

法规标准

《煤矿安全规程》中关于防治水措施的有关规定

《煤矿安全规程》第二百五十三条：“煤矿企业每年雨季前必须对防治水工作进行全面检查。

雨季受水威胁的矿井，应制定雨季防治水措施，并应组织抢险队伍，储备足够的防洪抢险物资。当暴雨威胁矿井安全时，必须立即停产撤出井下全部人员，只有在确认暴雨洪水隐患彻底消除后方可恢复生产。”

知识与技能

水灾事故抢救过程中的注意事项

淹井后排水期间，必须加强排水地点的通风，监测瓦斯、二氧化碳、硫化氢等有害气体浓度，防止有害气体突然涌出伤人。防止瓦斯浓度超限引起爆炸。当巷道积水排除时，应及时恢复通风，清理堵塞物，整修巷道，为恢复生产创造条件。

突水淹井时，应根据当时人员分布情况，按矿井灾害预防与处理计划规定，撤出灾区与受威胁区人员，处于事故区中的人员亦应自动组织按水害撤退路线迅速撤出。救护人员分别从上部水平与逆水流方向进入灾区救人。

矿井被淹以后，经清查人数，若还有少数人员未出井，应根据事故前他们所在位置与撤退时可能遭遇的情况，判定遇险人员位置，分析该处或其他尚有生存条件的地点，确定该地点空间容积，氧、瓦斯、二氧化碳浓度，计算出他们可以生存的时间。如被困人员所在地点高于突出后水位线，可以用打钻等办法供给空气，如果他们所在地点为盲洞且低于突水后水位时，则不可盲目打钻孔，以防泄压引起该地点水位上升，扩大灾情。

矿山救护队在处理水灾事故时，逆水流方向进入巷道侦察，若知道该巷道上部无出口时，应有待机小队在外面监视水情，并保持联系，行进中应注意水位与水情变化，当有被淹没危险时，要立即返回基地。

管理经验

加强防治工作，落实有效方案

（1）必须建立探放水制度，做好水害分析预报，坚持有疑必探，先探后掘的探放水原则。完善合理的防排水系统，购置足够设备，提高抗灾能力。井下与老窑有可能贯通的地方及各矿相互联通的巷道，砌上符合要求的永久挡水墙或密闭墙。

（2）井下每一个水平到上一个水平和各个采区之间必须至少有两个便于行人的安全出口，并与通达地面的安全出口相连接，未建成两个安全出口的水平或采区严禁生产。

案例精选

水文资料不清、排水措施不力导致透水事故

某年7月11日14时40分，某煤矿在施工主、副井第三横川时，发生重大透水事故，死亡3人，直接经济损失4万元。

7月11日12点班该井有2个掘进作业点作业。共计出勤5名工人，分别为左四片掘进面3名，第三横川掘进面2名。主、副井第三横川掘进面，当班放一遍炮出完两车煤时，组长丁某与工人徐某突然听到场子头有片帮掉渣声，发现有煤壁开裂及少量涌水，两人立即撤出，这时积水大量涌出。由于时间太紧，无法通知左四片平巷作业面的3名工

人。大水直泄而下灌主井筒及左四片平巷，3 名工人全部遇难。

事故分析

1. 直接原因

（1）该矿井主、副井筒之间，第二横川以下井巷资料不全，积水情况不清。

（2）没有足够可靠的排水措施做保证。

（3）淹水区域以下施工未执行先行排水、后贯通掘进措施。

2. 间接原因

（1）领导对贯彻“安全第一、预防为主，综合治理”的方针不力，导致矿井存在严重安全隐患。

（2）生产、技术管理混乱，在资料不清情况下贸然在水淹区域附近施工。

（3）技术力量薄弱，工人、干部素质低，不适应实际生产需要。

（4）安全生产责任制没有落实，各级领导对安全工作抓得不实、不力。对矿井存在的隐患不检查、不调查，致使煤矿安全工作出现漏洞。

（5）新、老工人没经过系统的安全知识培训，造成这次事故。

（6）矿井缺少必要的技术人员，生产管理中没有资料积累和地质资料分析与测量。

法规标准

《煤矿安全规程》中关于建立地下水动态观测系统的有关规定

《煤矿安全规程》第二百五十二条："水文地质条件复杂的矿井，必须针对主要含水层（段）建立地下水动态观测系统，进行地下水动态观测、水害预测分析，并制定相应的'探、防、堵、截、排'等综合防治措施。"

知识与技能

矿井水文地质资料和地下水

矿井水文地质是指地下水的各种变化和运动的现象。水文地质资料主要包括地下水的分布和形成规律，地下水的物理性质和化学成分，地下水资源数据及其合理利用条件，地下水对工程建设和矿山开采的不利影响及其防治等。

地下水是指赋存并运移于地下岩土空隙中的水。含水岩土分为两个带，上部是包气带，即非饱和带，在这里，除水以外，还有气体；下部为饱水带，即饱和带，饱水带岩土中的空隙充满水。狭义的地下水是指饱水带中的水。

4. 煤与瓦斯突出事故案例

案例精选

认识不清、未采取防突措施导致煤与瓦斯突出

某年1月22日，重庆某煤矿地质人员在检查施工现场发现地质构造异常变化后，提出工作面可能穿越煤层，要求在探明无煤后才能继续掘进的书面意见，但未引起有关领导的重视，也未采取任何措施。

1月24日，皮带运输机上山掘到561 m处。8时30分开始打眼，第一个炮眼深1.8 m，见煤长度0.6 m，以后打的5个炮眼也见煤。10时40分，打完20个炮眼，装药5.1 kg。装药前工作面瓦斯浓度为0.42%，在无任何安全技术措施的情况下，于11时15分放炮，引起煤与瓦斯的特大强度突出，突出煤量5 000 m^3，瓦斯550 000 m^3。突出的煤炭和岩石沿皮带运输机上山冲向下车场，堆积至2＃井平硐，在长达1 200 m的巷道内，745 m长的巷道三分之二的断面被堵塞，突出瞬时风流逆向，高浓度瓦斯充满施工井巷并通过与生产共用的＋280 m水平平硐进入三汇1＃井运输大巷和采区，又通过施工临时上山进入该井＋46.5 m水平运输巷和北翼采区，使灾区47人被困，三汇1＃井229

名工人受阻。经过紧急抢救，除被困的47人中有12人遇难外，61人轻度窒息。

事故分析

（1）错误地根据原有地质资料和设计文件认为皮带运输机上山只在岩层中掘进，不穿煤层。加之施工管理的盲目性，从指导思想上就放弃了预防措施。在编制两条上山的施工组织设计时，没有提出掘进时的防灾措施；编制作业规程时，没有提出遇断层时探明层位、防止煤和瓦煤突出问题，也未从技术上采取任何措施，没有预留保护层。

（2）施工中遇断层后，发现地质构造发生异常变化，又未采取任何措施，直到皮带运输机上山工作面炮眼穿煤后，也未采取任何安全措施，未撤离人员就违章放炮，诱导了煤和瓦斯突出。

（3）盲目突击生产，不分条件，不讲科学，以致出现包任务，不包安全，抢任务违章作业现象。当施工现场险情十分明显时，既未落实排隐患抢险的安全措施，又未制止不顾后果的违章放炮。

法规标准

《煤矿安全规程》中关于建立区域性防治突出措施的有关规定

《煤矿安全规程》第九条：“煤矿企业必须编制年度灾害预防和处理计划，并根据具体情况及时修改。灾害预防和处理计划由矿长负责组织实施。煤矿企业每年必须至少组织1

次矿井救灾演习。”

第一百九十二条：“对于有突出危险的煤层，应采取开采保护层或预抽煤层瓦斯等区域性防治突出措施。”

知识与技能

煤与瓦斯突出的一般规律

（1）突出与地质构造的关系。突出多发生在地质构造带内，如断层、褶曲和火成岩侵入区附近。

（2）突出与瓦斯的关系。煤层中的瓦斯压力与含量是突出的重要因素之一。一般说来，瓦斯压力和含量越大，突出的危险性越大。但突出与煤层的瓦斯含量和瓦斯压力之间，没有固定的关系。瓦斯压力低、含量小的煤层可以发生突出；反之，瓦斯压力高，含量大的煤层也可能不突出，因为突出是多种因素综合作用的结果。

（3）突出与地压的关系。地压越大，突出的危险性越大。当深度增加时，突出的次数和强度都可能增加；在集中压力区内突出的危险性增加。

（4）突出与煤层构造的关系。煤层构造主要指煤的破坏类型和煤的强度。一般情况下煤的破坏类型越高、强度越小，突出的危险性越大。故突出多发生在软煤层或软分层中。

（5）突出与围岩性质的关系。若煤层顶底板为坚硬而致密的岩层且厚度较大时，其集中应力较大，瓦斯不易排放，故突出危险性越大；反之则小。若顶底板中具有容易风化和遇水变软的岩层时，将减少突出危险性。

（6）突出与水文地质的关系。实践表明，煤层比较湿润，矿井涌水量较大，则突出危险性较小；反之则大。这是由于地下水流动，可带走瓦斯，溶解某些矿物，给瓦斯流动创造了条件。

（7）突出具有延期性。突出的延期性变化就是振动放炮后没有诱导突出，而相隔一段时间后才发生突出。其延迟时间从几分钟到几小时。

管理经验

认真制定和执行安全技术措施

（1）认真执行已定的施工措施和作业规程，严格监督检查，当生产条件变化时，要及时修改补充，重新核批。

（2）必须结合井下工程施工实际，编制好矿井灾害预防与处理计划。针对施工中可能出现的瓦斯突出隐患，制订隐患排除的安全技术组织措施，并交生产管理人员和生产工人贯彻实施。

（3）加强施工现场的技术管理工作，做到情况明确，措施到位，排除隐患及时，从生产管理上全面落实“安全第一，预防为主，综合治理”的方针。

案例精选

矿山压力及人为活动诱导导致煤与瓦斯突出

某年9月5日，某煤矿8点班井下出勤34人，除辅助工外，其余人员分别安排在井下两个掘进头和一个回采头作业。8时左右，煤师李某和安全员王某在井下交接班时，检测三个作业地点瓦斯均未超限。9时10分许，安全员、煤师和班长张某在井下不同位置均感受到有气浪冲击，并伴有“呼呼”的响声。王某、张某先后跑到主井底往井上打电话，报告井下发生事故，要求地面组织人员下井抢救。随后，3人一起迎着气浪冲击方向往里走，查看情况，走约10 m，3人先后晕倒。事故发生时，安全科科长闫某在地面发现主井风向逆转，意识到井下发生事故，就急忙派人通知矿长。11时左右，所在市矿山救护队和该市煤炭局人员赶到事故矿井，下午15时30分，抢救工作结束。

事故分析

1. 直接原因

事故发生在该矿＋250 m水平运输大巷和二级提升交叉点以东18.6～31.6 m之间约13 m范围内。此处煤层透气性差，瓦斯不能随时释放。巷道上方煤体裂隙不断增大，瓦斯压力也随着增大。因该段巷道为木棚支护，支护强度低，在瓦斯压力和上覆煤岩矿山压力及人为活动（如放炮、掘进、过车、修棚等）各种因素的综合作用下，打破了应力平衡，发生了事故。

2. 间接原因

（1）对开采的煤层具有煤与瓦斯突出倾向认识不足。

（2）忽视职工安全技术培训，矿长、特殊工种和井下工人大多数没有经过正规培训，自我保安能力差。

知识与技能

矿山压力影响因素

地下煤层被开采后，其周围岩体发生了变形和位移，同时，围岩内的应力也发生改变，甚至改变了原有的性质。这种引起围岩位移的力和岩体变化的应力就叫矿山压力。矿山压力影响因素有：

1. 自然条件的影响

（1）煤层厚度。煤层厚度越大，煤壁前方支撑压力升高区的煤层塑性破坏后，其支撑能力大幅降低，煤压缩的总量越大，顶板岩层就会发生较大的预先下沉，使暴露在工作面空间后的顶板稳定性就越差，容易变形与破坏。因此，必须使工作面支护有较大的强度、密度及稳定性。

（2）围岩性质。围岩的坚硬与否对采场压力的影响比较明显。

2. 开采深度的影响

随着开采深度的增大，顶板压力会逐渐增大，这是一般的推理，但目前生产实践中无规律可循，有待于今后进一步观察和研究。

3. 生产条件对采场矿山压力的影响

（1）控顶距离的大小对采场压力的影响较大，减小工作空间的宽度，充分利用煤壁的支撑作用，会使顶板的最大下沉量及靠采空区方面的支柱上的压力减少。顶板下沉量小了对支柱的压力也小，顶板破坏程度降低，能使顶板岩石处在较完整状态。控顶距离大，顶板暴露面积也大。由于顶板下沉值与控顶距离有关，顶板的变形程度也大，容易引起顶板的离层，使工作面支柱的压力增加。

（2）生产工艺过程按其特点，压力显现也不同，特别表现在对顶板下沉速度上的影响。

4. 工作面推进速度影响

工作面推进速度的快慢对采场矿山压力有一定的影响。工作面推进速度越快，顶板下沉速度也越快，但顶板的绝对下沉量和顶板传递给支柱的压力小，提高顶板的稳定性。顶板的下沉与时间长短有关系。控制顶板时间越短，矿山压力迅速移动，能提高煤壁的完整程度以及采场在悬壁下的免压带范围。

5. 支护材料及顶板管理方法对矿山压力的影响

在一般情况下，支架的支撑能力根本不可能、也没有必要改变整个上覆岩层的挠曲形状，为此，支柱必须具备既有支撑而又可缩的性能，其中支撑是基本的，必须保证直接顶的完整和剥离层，同时可缩也是必须的，但须与上覆岩体挠曲度相适应。多年来，从各种支护材料的使用情况看，木柱的纵向可缩性能不适应，HZWA 性支柱可缩量过大，HZJA 型可缩性适宜，但支撑能力差。目前，单体液压支柱的普及使用，大大减少了顶板事故。

6. 采空区处理方式

采空区处理方式对采场压力产生一定影响，全部垮落法在直接顶板垮落后能充满采空区空间时，很少发现冲击地压。

矿山压力变化引起瓦斯涌出规律

1. 支撑压力对采场瓦斯涌出的影响

工作面前方支撑压力的动态变化，可以用巷道内两帮移近量、顶底板移近量和支柱载荷的变化情况来反映，与此同时进行瓦斯涌出量的监测或检测，就能得出支撑压力对煤层瓦斯涌出量的作用。因此，在采场和巷道内埋设探头，可以连续监测采场和巷道瓦斯的涌出状况，假设此时工作面的风量相对稳定，瓦斯涌出浓度与涌出量就有正比关系，同时，监测巷道内顶底板移近量、两帮收缩量、顶板下沉速度以及巷道和采场支架的受载状况，就可分析得出支撑压力的变化情况。

（1）工作面前方的应力降低区内，煤层承受的压力不断减小，煤体产生膨胀变形，导致煤体渗透性急剧加强；同时，煤层中的瓦斯解析加强，流量增大，产生“卸压增流效应”。

（2）在工作面前方应力增高区内，由于有支撑压力的作用，导致该区的煤岩体裂隙和孔隙受挤压而收缩、封闭，使煤岩体透气性降低，瓦斯流量逐渐减小。

（3）工作面前方应力稳定区，煤岩体未受采动影响，瓦斯动力参数不变，钻孔瓦斯涌出量按负指数规律衰减。

由上可知，支承压力对煤、岩体中的瓦斯运移规律有很大的影响。也就是说，煤体中的瓦斯压力、孔隙率、渗透率等力学性质由于工作面前方的支撑压力的不同分布而发生了很大的变化，导致瓦斯涌出不均衡。

2. 周期来压前后采场瓦斯涌出特征

上覆岩层的活动规律不但对瓦斯的绝对涌出量有很大的影响，而且对瓦斯的相对涌出量也有决定性的作用。其原因是在周期性来压后，煤岩体的孔隙、裂隙及其渗透性等均发生了显著的变化，并影响着瓦斯的吸附状态及流动特征。

案例精选

未执行防突措施导致煤与瓦斯突出事故

某年10月6日11时20分，湖南省某煤矿+150水平南大巷石门掘进工作面发生一起煤与瓦斯突出事故，10人死亡、3人受伤。

10月6日上午7时40分，该煤矿副矿长兼井下值班长吴某主持召开了班前会。当班下井19人，会上共安排了六个地点作业，分别是：北大巷采煤工作面4人采煤、运输大巷1人推车、南大巷石门掘进工作面3人掘进、南大巷上山工作面6人采煤、总回风巷维修工作面4人维修、带班长为吴某。

上午8时开始下井。下井后，吴某先到北大巷采煤工作面检查了安全情况，然后到南大巷石门掘进工作面。掘进工作面有上一班放炮落下的煤矸，该当头作业人员进班后就开始出矸清煤，准备支护。最后吴某就到了南大巷上山采煤工作面。其余作业人员均在各自的作业地点作业。

11时20分，在上山工作面采煤的张某、李某、吴某听到了一声闷响，他们看到风流中煤尘飞扬，意识到发生了煤与瓦斯突出，先后6次试图向外逃生，但终因瓦斯浓度太高，呼吸困难，均告失败。在当头里呆了一个多小时，待瓦斯浓度下降后，三人经由溜煤下山外逃，在外逃途中先后发现了死者孙某、赵某和伤者贺某，后在大巷里碰到煤矿组织下井救护的人员。待救护人员将贺某背至大巷后，吴某、张某、李某出井。与此同时，在北大巷作业的4人感到头昏，先后向外撤去。

事故分析

（1）该石门掘进工作面位于向斜轴部，煤层所受到的残余构造应力较大；同时，由于煤层顶、底板受挤压应力作用，顶、底板瓦斯放散条件变差，煤层瓦斯富集条件变好。上述两个因素的作用，致使该处煤与瓦斯突出危险性增大，这是本次煤与瓦斯突出的客观因素。

（2）井下作业人员未随身携带隔离式自救器；各作业点未设置避灾硐室，也是造成本次事故扩大的直接原因。

（3）该矿南大巷处于向斜南翼，南大巷沿煤层走向掘至141 m处接近向斜轴部，为了进入向斜的北翼煤层，该巷道向北开门转弯作石门，石门进入顶板岩层后又掘进了9 m见煤，2003年10月5日早班揭开部分煤层。在石门揭开突出危险煤层的过程中，未执行综合防突措施，致使该处煤与瓦斯突出能量未能得到有效消除。

（4）10月6日早班安排该石门掘进作业，当班作业人员在支护时用手镐挖柱窝、扩帮，诱导此次煤与瓦斯突出事故的发生。

（5）矿井通风系统不合理。上山采煤作业地点局扇串联通风，即南大巷石门揭煤工作面的回风为该局扇的进风；矿井主要回风大巷严重失修，巷道断面很小，通风阻力较大，使得煤与瓦斯突出时瓦斯逆流距离增加。所以，矿井通风系统不合理是造成本次事故扩大的直接原因。

法规标准

《煤矿安全规程》中关于石门揭穿突出煤层的有关规定

《煤矿安全规程》第二百条："石门揭穿突出煤层前必须遵守下列规定：

（一）在工作面距煤层法线距离 10 m（地质构造复杂、岩石破碎的区域 20 m）之外，至少打 2 个前探钻孔，掌握煤层赋存条件、地质构造、瓦斯情况等。

（二）在工作面距煤层法线距离 5 m 以外，至少打 2 个穿透煤层全厚或见煤深度不少于 10 m 的钻孔，测定煤层瓦斯压力或预测煤层突出危险性。测定煤层瓦斯压力时，钻孔应布置在岩层比较完整的地方。对近距离煤层群，层间距小于 5 m 或层间岩石破碎时，可测定煤层群的综合瓦斯压力。"

知识与技能

区域和局部综合防突措施

区域综合防突措施包括下列内容：

（1）区域突出危险性预测；

（2）区域防突措施；

(3) 区域防突措施效果检验；

(4) 区域验证。

局部综合防突措施包括下列内容：

(1) 工作面突出危险性预测；

(2) 工作面防突措施；

(3) 工作面防突措施效果检验；

(4) 安全防护措施。

防突工作坚持区域防突措施先行、局部防突措施补充的原则。突出矿井采掘工作做到不掘突出头、不采突出面。未按要求采取区域综合防突措施的，严禁进行采掘活动。

区域防突工作应当做到多措并举、可保必保、应抽尽抽、效果达标。

案例精选

未采取防突措施导致煤与瓦斯突出事故

某年5月26日18时30分，某煤矿－128水平二石门掘进工作面发生煤与瓦斯突出特大事故，死亡15人，直接经济损失83.25万元。

5月26日中班（14点至20点），由带班长谢某召开了班前会，安排了工作。当班共有18人下井作业，其中煤斗上山三煤二平巷安排2人作业；正煤斗上山三煤六平巷安排4人作业；－128 m水平三煤层大巷安排5人作业；－128 m水平二石门掘进工作面安排5人作业，带班长兼瓦斯检查员1人，水泵工1人。到事故发生前，主井已提升18车煤。

在－128 m水平三煤层大巷工作面作业的小工谢某完成

作业，离开作业地点后，坐在二石门口进风侧等待二石门作业人员一起下班，18 时 30 分左右，突然“轰”的一声，他被突出的气流冲出 10 m 多远。同时，地面人员发现主井井口“冒烟”，持续时间约 2 min，井下发生了煤与瓦斯突出事故，当时 18 名工人被困井下。

事故分析

(1) 该矿Ⅱ煤层本身具有煤与瓦斯突出危险性，煤层顶底板的泥岩具有良好的封闭性；同时，从－128 水平一、二石门揭露情况来看，突出点处于厚煤区，厚度达 4 m 以上，煤与瓦斯突出的危险性进一步加大，是导致本次事故发生的客观因素。

(2) 该矿在石门揭煤及过煤门过程中未采取任何防突措施，未能消除煤与瓦斯突出的危险性，是导致本次事故发生的重要原因。

(3) 本次煤与瓦斯突出后涌出大量瓦斯，造成瓦斯逆流至主井，并经主井进入－16 m 水泵房及水仓空间内。由于该水泵房及水仓是盲巷，进入的瓦斯只能靠扩散通风，而该水泵房及水仓入口较小，只有 3.83 m^2，内部断面积较大，深度达 8 m，所以，扩散通风不能在短时间内将积聚瓦斯排放，故巷道仍积聚有达到爆炸浓度的瓦斯，是导致瓦斯爆炸造成事故扩大的直接原因。

(4) 安全生产意识差，安全管理混乱，防突技术措施不落实。一是未采取针对性的防范措施，违反规定在－128 水平二石门揭煤，未编制专门的揭煤措施，也未采取任何防治突出的措施，过煤门直接采用手镐掘进，未配备专职瓦检员。二是通风瓦斯管理混乱，煤斗上山二平巷、－128 水平Ⅲ煤层大巷均为无风作业，－16 m 水平水泵房为盲洞。三是没有按《煤矿安全规程》的规定携带自救器。四是违反规定在突出矿井使用非防爆设备，是造成这起事故的重要原因。

法规标准

《煤矿安全规程》中关于检查瓦斯和采取安全防护措施的有关规定

《煤矿安全规程》第八条："煤矿企业在编制生产建设长远发展规划和年度生产建设计划时，必须编制安全技术发展规划和安全技术措施计划。安全技术措施所需费用、材料和设备等必须列入企业财务、供应计划。"

第一百八十二条："开采突出煤层时，每个采掘工作面的专职瓦斯检查工必须随时检查瓦斯，掌握突出预兆。当发现有突出预兆时，瓦斯检查工有权停止工作面作业，并协助班组长立即组织人员按避灾路线撤出、报告矿调度室。"

第二百零九条："井巷揭穿突出煤层和在突出煤层中进行采掘作业时，必须采取震动爆破、远距离爆破、避难硐室、反向风门、压风自救系统等安全防护措施。

突出矿井的入井人员必须携带隔离式自救器。

采掘工作业时，隔离或自救器应当悬挂或存在其 3 m 的范围内。"

第三百六十一条："井下蓄电池充电室内必须采用矿用

防爆型电气设备。测定电压时，可使用普通型电压表，但必须在揭开电池盖 10 min 以后进行。

井下矿用防爆型蓄电池电机车的电气设备，必须在车库内打开检修。”

知识与技能

煤与瓦斯突出的概念和基本特征

所谓煤与瓦斯突出是指在压力作用下，破碎的煤与瓦斯由煤体内突然向采掘空间大量喷出，是另一种类型的瓦斯特殊涌出。煤与瓦斯突出的基本特征有：

（1）突出的煤向外抛出距离较远，具有分选现象。

（2）抛出的煤堆积角小于煤的自然安息角。

（3）抛出的煤破碎程度高，含有大量的块煤和手捻无粒感的煤粉。

（4）有明显的动力效应，破坏支架，推倒矿车，破坏和抛出安装在巷道内的设施。

（5）有大量的瓦斯涌出，瓦斯涌出量远远超过突出煤的瓦斯含量，有时会使风流逆转。

（6）突出孔洞呈口小腔大的梨形、倒瓶形以及其他分岔形等。

煤与瓦斯突出主要影响因素

地应力、煤层瓦斯含量、煤层厚度、巷道坡度和煤体强度是控制煤与瓦斯突出的主要因素。

1. 地应力

煤体弹性潜能的突然释放是激发煤与瓦斯突出的必要条件，应力越大，弹性潜能越大。煤体弹性能释放，煤体卸压，快速解吸的瓦斯成为煤与瓦斯突出的动力来源。地应力分为地质构造应力、受采动影响的集中应力和煤层上覆岩层的自重应力，其中构造应力和集中应力对煤与瓦斯突出控制作用更为明显。

2. 瓦斯含量

瓦斯含量对煤与瓦斯突出的控制作用主要表现为：卸压煤体内快速解吸的瓦斯在煤体内形成较高的瓦斯压力梯度，是搬运破碎煤体、促进突出向深部发展的主要动力。瓦斯含量越大，突出强度越大。

3. 煤厚和巷道坡度

煤厚对突出影响主要有两个方面：一方面厚煤区域煤层瓦斯含量明显较大；另一方面，煤巷掘进工作面沿煤层底板掘进，工作面煤墙前上方煤体的自重力常常是倾出的重要动力源，特别是煤巷上山掘进，防止突出的难度更大。

4. 煤体破坏程度

煤体破坏程度越高，煤体越干燥，煤体黏结性越差，越容易发生突出。煤体水分越低，瓦斯解吸速度越快，煤体黏结性越差，抗突出能力也越弱。

煤与瓦斯突出的预兆

煤与瓦斯突出的预兆分为无声预兆和有声预兆两类。

（1）无声预兆。①煤层结构变化，层理紊乱，煤层由硬变软、由薄变厚，倾角由小变大，煤由湿变干，光泽暗淡，煤层顶、底板出现断裂，煤岩严重破坏等。②工作面煤体和支架压力增大，煤壁外鼓、掉渣等。③瓦斯涌出增大或忽小忽大，煤尘增多。

（2）有声预兆。煤爆声、闷雷声、深部岩石或煤层的破裂声、支柱折断等。

每次突出前都有预兆出现，但出现预兆的种类和时间是不同的，熟悉和掌握预兆，对于及时撤出人员、减少伤亡具有重要的意义。

案例精选

防突措施不到位导致煤与瓦斯突出事故

某年5月15日13时40分，湖南省某煤矿二水平（+428 m）南翼运输巷掘进工作面发生煤与瓦斯突出特大事故，死亡18人。

5月15日早班（8点班），该矿共安排21人下井作业，其中+428 m运输大巷掘进工作面5人，回风巷掘进工作面5人，巷道维修6人，带班长1人，瓦斯检查员1人，水泵工1人，推车工1人，暗斜井绞车司机1人。13时30分，有3名维修工提前出井，13时40分，井口附近人员发现主井冲出黑烟，时间长达2 min，随即报告主管部门，并请矿山救护队进行抢救。

事故分析

经调查，事故原因如下：

（1）该矿所开采的3煤层具有煤与瓦斯突出危险性，事故发生前＋428 m 南运输大巷遇到地质构造变化，煤层变厚，煤质变软，使得该处瓦斯能量增加。

(2) 该矿＋428 m 南运输大巷掘进工作面作业人员在进行支架作业时，引起掘进工作面顶部的煤体垮落，诱导了本次煤与瓦斯突出。

(3) ＋428 m 运输大巷靠煤层底板布置，使得工作面煤壁上方存有大量瓦斯未有效释放的煤体，增加了瓦斯突出的危险性。

(4) 该矿所采取的钻孔排放瓦斯的防突措施未能有效地消除煤层的突出危险性。

(5) 该煤矿安全技术管理混乱，安全技术措施落实不到位。一是“四位一体”的防突措施落实不到位，没有进行突出预测预报和防突措施效果检验；二是煤巷掘进没有采取前探支护措施；三是没有编制＋428 m 南大巷掘进工作面作业规程；四是回风上山维修作业处于回风流中，存在串联通风现象；五是入井人员没有按《煤矿安全规程》的规定携带自救器。

法规标准

《煤矿安全规程》中关于开采突出厚煤层的有关规定

《煤矿安全规程》第一百九十六条：“开采突出厚煤层时，可利用上分层或上区段开采后形成的卸压作用保护下分层或下阶段，但应依据对上分层或上区段卸压范围的考察结果确定其保护范围，必须将下分层或下区段的采掘工作面布置在保护范围内。”

第一百九十三条："在突出矿井开采煤层群时，应优先选择开采保护层防治突出措施。开采保护层后，在被保护层中受到保护的区域可按无突出危险区进行采掘作业；在未受到保护的区域，必须采取综合防治突出措施。"

知识与技能

综合防突措施的四个环节——四位一体

（1）把突出预测作为综合防突措施的第一个环节。预测的目的是确定突出危险区域和地点，以便使防突措施更加有的放矢。

（2）综合防突措施的第二个环节是防突措施。在预测有突出危险的地段，采取防止突出措施，以达到预防突出的发生。

（3）综合防突措施的第三个环节是防突措施效果检验。国内外多年的生产实践表明，各种防突措施，特别是局部防突措施，尽管经过科学试验证实是有效的，但在生产中推广应用后，都发生过多多少少的突出，这就令人对措施本身的防突效果产生了怀疑，即使在同一突出煤层，在一些区域证实所采取的措施是有效的，但在有些区段则无效，其原因在于井下条件的复杂性，如煤层赋存条件变化、地质构造条件变化和采掘工艺条件变化等。因此，要求在防突措施执行以后，要对其防突效果进行立竿见影的检验，以确保措施的防突效果。防突措施效果检验方法与预测方法大致相同。

（4）综合防突措施的第四个环节是安全防护措施。为了防止预测失误或防突措失效发生突出时的人身事故，必须采取安全防护措施。这是防止发生突出事故的第二道防线。

管理经验

按要求完善与实施防突措施

（1）实施防突措施的区（队）在施工前，负责向本区（队）职工贯彻并严格组织实施防突措施。

（2）采掘作业时，应当严格执行防突措施的规定，并有详细准确的记录。由于地质条件或者其他原因不能执行所规定的防突措施的，施工区（队）必须立即停止作业并报告矿调度室，经矿井技术负责人组织有关人员到现场调查后，由原措施编制部门提出修改或补充措施，并按原措施的审批程序重新审批后方可继续施工；其他部门或者个人不得改变已批准的防突措施。

（3）煤矿企业的主要负责人、技术负责人应当每季度至少一次到现场检查各项防突措施的落实情况。矿长和矿井技术负责人应当每月至少一次到现场检查各项防突措施的落实情况。

（4）煤矿企业、矿井的防突机构应当随时检查综合防突措施的实施情况，并及时将检查结果分别向煤矿企业负责人、煤矿企业技术负责人和矿长、矿井技术负责人汇报，有关负责人应当对发现的问题立即组织解决。

（5）煤矿企业、矿井进行安全检查时，必须检查综合防突措施的编制、审批和贯彻执行情况。

案例精选

未开采保护层导致煤与瓦斯突出事故

某年1月14日21时39分，某煤矿3336回采工作面发生邻近层煤与瓦斯突出，死亡18人，直接经济损失150万元。

1月14日中班（16时至24时），3336回采工作面区域有38人在作业，其中采三队23人、开拓掘二队8人、快速掘一队（维修队）7人。

采三队人员进入3336回采工作面后，打钻工首先打眼，放炮员于19时50分放了第一次炮，然后出煤、支架，接着继续打眼，21时24分左右，放了第二次炮（炮眼地点离上、下出口均约40 m）。

放炮员和打钻工2人在放完第二次炮后，从3336工作面经回风巷出班。安检员在放完第二次炮后，从回风巷站岗处返回3336工作面检查瓦斯，瓦斯浓度为0.9%，然后从回风巷出去到—30 m炸药库退交剩余雷管。

21时39分，在距回采面上出口180 m处维修回风巷道的快速掘进一队7人，突然感觉到“呼”的一下来了一股风，风速很大，意识到发生了瓦斯突出，立即往外撤退，安全脱险。

开拓掘进二队1名职工，因脚受伤提前出班；还有1名职工在3336运输平巷推车至翻罐笼处脱险。

推车至—153石门翻罐笼附近的采三队8人发现风流逆转后立即往外撤退，安全脱险。

事故分析

（1）该煤矿开采的Ⅳ煤层具有煤与瓦斯突出危险性，且3336回采工作面开采的Ⅲ煤层与Ⅳ煤层层间距较近（间距为4.8～5.35 m），是本次事故发生的内在原因。

（2）因上部保护层Ⅱ煤层3324和3326采面未开采，致使其下部Ⅲ煤层的3336回采工作面和Ⅳ煤层的3346回采工作面未受到卸压保护，Ⅳ煤层中的瓦斯未能得到有效释放，这也是未能防止近距离的Ⅳ煤层初期卸压的瓦斯突然涌入本回采工作面的重要原因。

（3）在没有充分依据证明并按规定审批程序审定三采区Ⅲ煤层是非突出危险煤层时，片面认为303采区Ⅲ煤层为不突出煤层，且在3336回采工作面进风巷安排平巷掘进队，相向平行作业，串联通风，回风巷未安排维修队，又未按《煤矿安全规程》的规定使用下井人员隔离式自救器、安装压风自救系统，是此次事故扩大的重要原因。

（4）由于缺乏信息交流及技术水平的局限，煤矿管理人员对开采近距离保护层时，可能由于被保护的下邻近煤层初期卸压导致向开采层突出造成人员伤亡事故缺乏认识和预见，故而忽视了采取相应有针对性的措施，是造成此次事故的认识原因。

法规标准

《煤矿安全规程》中关于串联通风的有关规定

《煤矿安全规程》第一百一十四条：“采、掘工作面应实行独立通风。同一采区内，同一煤层上下相连的 2 个同一风路中的采煤工作面、采煤工作面与其相连接的掘进工作面、相邻的 2 个掘进工作面，布置独立通风有困难时，在制定措施后，可采用串联通风，但串联通风的次数不得超过 1 次。

开采有瓦斯喷出或有煤（岩）与瓦斯（二氧化碳）突出危险的煤层时，严禁任何 2 个工作面之间串联通风。”

知识与技能

开采保护层防突的要求

（1）开采保护层时，同时抽采被保护层的瓦斯；

（2）开采近距离保护层时，采取措施防止被保护层初期卸压瓦斯突然涌入保护层采掘工作面或误穿突出煤层；

（3）正在开采的保护层工作面超前于被保护层的掘进工作面，其超前距离不得小于保护层与被保护层层间垂距的 3 倍，并不得小于 100 m；

（4）开采保护层时，采空区内不得留有煤（岩）柱。特殊情况需留煤（岩）柱时，经煤矿企业技术负责人批准，并做好记录，将煤（岩）柱的位置和尺寸准确地标在采掘工程平面图上。每个被保护层的瓦斯地质图应当标出煤（岩）柱的影响范围，在这个范围内进行采掘工作前，首先采取预抽煤层瓦斯区域防突措施。

当保护层留有不规则煤柱时，按照其最外缘的轮廓画出平直轮廓线，并根据保护层与被保护层之间的层间距变化，确定煤柱影响范围。在被保护层进行采掘工作时，还应当根据采掘瓦斯动态及时修改。

案例精选

瓦斯突出并逆流导致瓦斯爆炸事故

某年10月20日22时，某煤矿井下21岩石下山处发生煤与瓦斯突出，瓦斯突出量达1 000 t。从22时9分53秒至12分26秒，短短2分33秒时间内，瓦斯浓度由1.49%飙升至40%以上。

由于通风设施管理混乱，突出的瓦斯发生逆流，高浓度的瓦斯进入矿井西大巷，与巷内新鲜风流混合，达到爆炸界限。22时40分，混合气体遇到架线式电机车产生的火花，导致爆炸。波及矿井西翼11、13、15号采区和井下爆破材料库。最终导致148人遇难、21人受伤的特大煤与瓦斯突出事故。

事故分析

（1）自然因素。21岩石下山掘进工作面距地表垂直深度612 m，已进入矿井深部，处于地质构造复杂地带。工作面采掘时遇到大量聚积瓦斯的煤层。

（2）管理因素。煤矿安全管理存在漏洞，局部通风设施管理混乱，加大了突出事故发生后的瓦斯逆流。

（3）应急不当。煤与瓦斯突出距瓦斯爆炸有30 min的间隔，这期间应急处置措施不力。

法规标准

《煤矿安全规程》中关于企业健全各种制度的有关规定

《煤矿安全规程》第三条规定：“煤矿企业必须遵守国家有关安全生产的法律、法规、规章、规程、标准和技术规范。

煤矿企业必须建立、健全各级领导安全生产责任制、职能机构安全生产责任制、岗位人员安全生产责任制。

煤矿企业应建立、健全安全目标管理制度、安全奖惩制度、安全技术措施审批制度、安全隐患排查制度、安全检查制度、安全办公会议等制度。

煤矿企业必须建立各种设备、设施检查维修制度，定期进行检查维修，并做好记录。”

第二百一十四条：“突出的煤必须及时清理，以防自燃引起瓦斯煤尘爆炸。清理突出的煤时，必须制定防煤尘、片帮、冒顶以及瓦斯超限、出现火源、再次发生事故的安全措施。”

知识与技能

瓦斯逆流

井巷内存在高浓度瓦斯积聚是引发瓦斯爆炸的根源。在一些瓦斯爆炸事故中，瓦斯爆炸发生点并不在初始的瓦斯积聚地点，即瓦斯爆炸发生前已存在高浓度瓦斯在井巷内的运移过程。倾斜巷道上行风回风流和顶板的瓦斯积聚易于发现和处理。在一些情况下，下行风的巷道顶板发生的瓦斯逆流容易被忽视，并且易构成通达引爆热源的导爆带。发生瓦斯逆流运移的形式一般有两种：

（1）局部涡旋流（或称回流）携带瓦斯沿巷道主风流的反方向运移，如在巷道局部地点、阻挡物及通风构筑物附近形成涡旋流；

（2）倾斜巷道下行风流中的瓦斯逆流现象。在风速较小的情况下，瓦斯涌出点附近涌出的瓦斯首先使该区域空气—瓦斯混合气体的密度降低，在流场中形成非均匀的体积力场，当该区域空气—瓦斯混合气体所受的体积力足以克服巷道风流的惯性力时，引起瓦斯沿巷道顶板方向逆风流向上运动，形成瓦斯逆流。瓦斯逆流在向上运动中仍不断要克服流动阻力和巷道风流的惯性力，并在逆向流动过程中不断被风流掺和稀释，使得瓦斯逆流中的瓦斯浓度减小，从而在逆流区前方瓦斯上浮作用力下降，当该逆流前部的空气—瓦斯混合气体所受的上浮力不足以克服巷道风流的惯性力时，瓦斯逆流被制止。

案例精选

巷道布置不合理导致煤与瓦斯突出事故

某年7月26日17时03分，湖南省某煤矿在＋80 m水平面发生煤与瓦斯突出事故，造成16人死亡。7月26日17时03分，事故发生地＋80 m水平工作面回风侧瓦斯传感器测得的瓦斯浓度为39.60％（已达传感器最高量程）。事故当班安排了两人去实施防突卸压措施孔，因瓦斯超限，其中

1人去向值班长汇报，要求检查瓦斯，据推断另1人在工作面实施钻孔作业。由于巷道前方煤层中积聚着强大的瓦斯潜能，施钻时喷孔，破坏了应力平衡，诱发了本次煤与瓦斯突出事故。

事故分析

（1）发生突出的掘进工作面所处区域瓦斯地质条件复杂，煤与瓦斯突出危险性大；

（2）巷道处在煤与瓦斯突出孔洞的周边应力集中带，增大了突出危险性；

（3）在2152回采工作面支撑压力煤柱中掘进，增加了煤与瓦斯突出危险性；

（4）防治煤与瓦斯突出的卸压措施没有达到卸压效果；

（5）没有编制专门的防治煤与瓦斯突出措施，所采取的卸压措施没有针对性；

（6）卸压孔的布置个数、深度、方位、控制范围、卸压效果没有专门设计；

（7）防突卸压钻孔施工没有偏角，两帮没有控制巷道轮廓线以外的规定范围，巷道前方没有超前安全距离；

（8）钻孔施工完毕后即开始掘进施工，没有足够的排放时间；

（9）未进行防突措施效果检验，盲目施工。所实施的防突措施没有消除突出危险，巷道前方煤体在构造应力、瓦斯压力和采场支撑应力的综合作用下，积聚着发动煤与瓦斯突出的潜能。

法规标准

《煤矿安全规程》中关于制订防治突出措施计划的有关规定

《煤矿安全规程》第一百七十七条："突出矿井在编制年度、季度、月生产建设计划的同时，必须编制防治突出措施计划。

开采突出煤层时，必须采取突出危险性预测、防治突出措施、防治突出措施的效果检验、安全防护措施等综合防治突出措施。"

第一百八十一条："突出矿井必须及时编制矿井瓦斯地质图，图中应标明采掘进度、被保护范围、煤层赋存条件、地质构造、突出点的位置、突出强度、瓦斯基本参数等，作为突出危险性区域预测和制定防治突出措施的依据。

在突出煤层顶底板掘进岩巷时，必须定期验证地质资料，及时掌握施工动态和围岩变化情况，防止误穿突出煤层。"

知识与技能

突出矿井的巷道布置要求和原则

（1）运输和轨道大巷、主要风巷、采区上山和下山（盘区大巷）等主要巷道布置在岩层或非突出煤层中；

（2）减少井巷揭穿突出煤层的次数；

（3）井巷揭穿突出煤层的地点应当合理避开地质构造破

坏带；

（4）突出煤层的巷道优先布置在被保护区域或其他卸压区域。

案例精选

综合防突措施不力导致煤与瓦斯突出

某年11月8日13时43分，贵州省某煤矿发生特别重大煤与瓦斯突出事故，死亡35人、伤7人，直接经济损失1 261万元。该矿在具有煤与瓦斯突出危险的2号煤层施工水仓，没有采取综合防突措施，放炮诱发了煤与瓦斯突出。

事故分析

这起事故的直接原因是，该煤矿在具有煤与瓦斯突出危险的2号煤层施工水仓，没有采取综合防突措施，且在出现煤与瓦斯突出预兆时仍冒险违章掘进，放炮诱发了煤与瓦斯突出。

法规标准

《煤矿安全规程》中关于突出危险的新建矿井建立防突措施的有关规定

《煤矿安全规程》第一百七十九条："对有突出危险的新建矿井，突出矿井的新水平、新采区，必须编制防治突出煤层突出的设计。设计应包括开拓方式、煤层开采程序、采煤方法、通风方式、支护形式、突出危险性预测方法、保护层的选择、抽放瓦斯和局部防治突出措施等内容。”

知识与技能

防治煤与瓦斯突出措施

1. 区域性防治突出措施

（1）保护层开采的防突原理。所谓保护层通常是指在煤层群开采中某些煤层具有煤与瓦斯突出或冲击地压的危险，而另一些煤层不具有这种危险或者危险性小，这时，根据赋存关系，选择后者先行开采，然后再开采前者。先行开采的煤层称为保护层，后开采的煤层称为被保护层。

（2）大面积预抽煤层瓦斯防突技术。通过加密钻孔预抽，使其周围煤体的瓦斯得到排放，瓦斯压力降低，瓦斯含量减少，释放瓦斯潜能。随着瓦斯的不断排放，煤体发生收缩变形，透气性大幅度增加，又导致钻孔抽放影响范围的扩大和抽放瓦斯效果的进一步提高，同时，煤的机械强度也相应增加，提高了煤体的抗破坏能力。综合这些因素的变化，最终达到削弱和消除危险的效果。

2. 局部防突新技术

（1）大直径卸压扩孔石门揭煤防突技术。利用机械式可伸缩探头，以较小的钻孔直径扩大，将石门前方的部分煤体掏出，使煤体卸压，抽放瓦斯，达到防突的效果。

（2）煤巷深孔控制卸压爆破防突技术。通过爆破，降低瓦斯压力梯度，减小突出势能，实现空间和时间上的超前防护作用，从而达到防突出的目的。

案例精选

井下防突措施不力导致煤与二氧化碳突出事故

某年10月10日21时40分，某煤矿掘进二班夜班掘进组入井工作，23时10分放炮。半小时后，瓦斯检查员马某进行了瓦斯检测，测得二氧化碳浓度为5.6%，经通风后至11日1时左右测得二氧化碳浓度为1.2%，故开始装煤。出煤约7、8矿车后，约在3时05分，距工作面约300 m的瓦斯检查员马某、二氧化碳防治工黄某、绞车工张某、放炮工李某、电工叶某等5人突然听到连续不断的爆炸声，并看到有煤尘从下山巷道里吹来，李某喊了一声“跑”后，便同其他4人朝立井方向跑，在1650水平巷道处与其他逃生人员一同乘罐出井，并立即向矿调度室作了报告。当时井下作业人员共有46人，其中有21人感到异常后分别从5条路线向地面逃生脱险，25人被困井下。11日凌晨3时20分，矿调度室接到叶某等人的报告后，立即向领导作了汇报，主管安全生产工作的副矿长王某立即组织抢救。由于事故发生时产生大量的二氧化碳（当时测得最大值达到70%以上），抢救难度大，经采取加强通风等措施，并在救护大队的协助下，于当日将在北翼采掘工作面作业的22人（已遇难）全部找到并运出井；在南翼1590下山作业的3人，因二氧化碳浓度超限，而且被突出碎煤埋压，当时无法抢救，后经组织专家制订方案并采取积极措施，于11月2日和11月7日分别找出遇难人员，还有一名遇难人员下落不明。

事故分析

（1）1590 南翼掘进工作面位于煤田二氧化碳聚积区，潜藏着煤与二氧化碳突出危险。随着开采深度的增大，掘进工作面与二氧化碳聚积点的距离越来越近，阻隔储存有高压二氧化碳的煤（岩）柱逐渐变小，在打眼放炮等掘进活动影响下，破坏了原有的压力平衡，致使煤与二氧化碳向掘进工作面方向突然喷出。

（2）从该起事故发生的过程看，打眼和放炮都未诱发煤与二氧化碳立即突出，而是在放炮后近 4 个小时，即二氧化碳浓度在放炮后的 1 小时 30 分内由超限（5.6%）降到安全浓度以内（1.2%）的情况下突出，这种反常现象和无明显预兆的情况，使现场作业人员很难采取措施避免事故发生。

（3）对煤与二氧化碳突出机理认识不深，了解和掌握瓦斯地质资料不透，技术措施还不完善。矿上按照《煤矿防治煤与瓦斯突出细则》的有关规定，设置了防突反向风门，但这次事故是在放炮后 3 小时 55 分经瓦斯检查确认二氧化碳浓度降至允许值后进行正常工作时发生的，在这种情况下反向风门起不到阻隔有害气体的作用。

（4）这次事故中也暴露了该矿安全生产管理不严，特别是防治煤与二氧化碳突出措施没有完全落实的问题。如反向风门安装没有完全达到要求，局部通风机安放位置不当；入井人员未按规定携带自救器及发现二氧化碳超限未按规定采取防范措施等问题。

法规标准

《煤矿安全规程》中关于回风和开采有瓦斯喷出的煤层的有关规定

《煤矿安全规程》第一百一十二条："矿井开拓新水平和准备新采区的回风，必须引入总回风巷或主要回风巷中。在未构成通风系统前，可将此种回风引入生产水平的进风中；但在有瓦斯喷出或有煤（岩）与瓦斯（二氧化碳）突出危险的矿井中，开拓新水平和准备新采区时，必须先在无瓦斯喷出或无煤（岩）与瓦斯（二氧化碳）突出危险的煤（岩）层中掘进巷道并构成通风系统，为构成通风系统的掘进巷道的回风，可以引入生产水平的进风中。上述 2 种回风流中的瓦斯和二氧化碳浓度都不得超过 0.5%，其他有害气体浓度必须符合本规程第一百条的规定，并制订安全措施，报企业技术负责人审批。"

第一百二十八条："（三）高瓦斯矿井、煤（岩）与瓦斯（二氧化碳）突出矿井、低瓦斯矿井中高瓦斯区的煤巷、半煤岩巷和有瓦斯涌出的岩巷掘进工作面，正常工作的局部通风机必须配备安装同等能力的备用局部通风机，并能自动切换。正常工作的局部通风机必须采用三专（专用开关、专用电缆、专用变压器）供电，专用变压器最多可向 4 套不同掘进工作面的局部通风机供电；备用局部通风机电源必须取自同时带电的另一电源，当正常工作的局部通风机故障时，备用局部通风机能自动启动，保持掘进工作面正常通风。"

第一百四十三条："开采有瓦斯或二氧化碳喷出的煤

（岩）层时，必须采取下列措施：

（一）打前探钻孔或抽排钻孔。

（二）加大喷出危险区域的风量。

（三）将喷出的瓦斯或二氧化碳直接引入回风巷或抽放瓦斯管路。”

知识与技能

煤和二氧化碳突出预兆

（1）二氧化碳涌出时有“嘶嘶”声，底板积水冒泡，钻眼与炮眼喷雾；

（2）放炮后在巷道底板有一层雾状气体分布；

（3）工作面空气温度降低，有凉、冷之感，嗅到碳酸气味；

（4）工作面工作人员发闷、头晕；巷道内有明显压力活动，如有片帮、底鼓或发生顶板岩石呈片状脱落以及煤岩倾出等现象；

（5）二氧化碳浓度骤然增加。

管理经验

完善防突管理

（1）有突出矿井的煤矿企业、突出矿井应当设置满足防突工作需要的专业防突队伍。突出矿井应当编制突出事故应急预案。

（2）有突出矿井的煤矿企业、突出矿井在编制年度、季度、月度生产建设计划时，必须一同编制年度、季度、月度防突措施计划，保证抽、掘、采平衡。

(3) 突出煤层采掘工作面每班必须设专职瓦斯检查工并随时检查瓦斯；发现有突出预兆时，瓦斯检查工有权停止作业，协助班组长立即组织人员按避灾路线撤出，并报告矿调度室。

(7) 突出矿井的管理人员和井下工作人员必须接受防突知识的培训，经考试合格后方准上岗作业。

5. 冒顶及其他事故案例

案例精选

冒顶引发瓦斯爆炸事故

某煤矿煤尘爆炸指数为 33.72％～40.83％，煤层有自然发火性，矿井属于低瓦斯矿井。这次瓦斯爆炸事故发生于某年 7 月 13 日 23 时，－350 m 水平后二采区西翼 F7 断层西块段。上年年 8 月，矿井瓦斯鉴定 F7 块段瓦斯相对涌出量为每吨 1.19 m^3。事故前，F7 块断区内有三个区队工作，采煤二区在 2192 工作面生产，掘进三区三队在 2191 工作面开掘切眼，预备队在辅助运输机上山修复巷道。有两台 11 kW 局扇工作，一台向辅助运输机上山巷修复地点供风，一台向 2191 上面切眼掘进头和辅助上山段供风。7 月 12 日 7 时，通风正常，2191 切眼实测瓦斯浓度为 0.14％，辅助轨道上山段为 0.16％。7 月 12 日 8 时左右，辅助轨道上山和 2191 工作面副巷交叉口处冒顶，冒落矸石埋住通往 2191 切眼的风筒，造成 2191 切眼无风。矿上立即将正在 2191 切眼施工的掘进三区工人调到交叉口处理冒顶，处理近 40 h。13 日夜班晚班掘进三区 8 名工人在冒顶处清理剩余矸石；采煤二区 25 名工人在 2192 回来工作面生产，预备队 15 名工人在运输机上山安装溜子；1 名通风工，2 名安监员在现场工作。23 时 55 分发生了瓦斯爆炸事故，死亡 45 人，伤 13 人。

事故分析

1. 直接原因

12 日早班，2191 工作面副巷和辅助上山交叉口冒顶埋压风筒、阻断风流，造成切眼和辅助轨道上山段瓦斯积聚，没有按《煤矿安全规程》的规定及时封闭。13 日夜班，在没有按规定进行排放瓦斯的情况下擅自接上风筒，风一吹，将切眼上山、辅助上山积存的瓦斯排放出来，使交叉口等处的瓦斯达到爆炸浓度。而工人在处理矸石时，没有发现提升信号线被砸破，照常按铃发信号，破线处产生火花，引起瓦斯爆炸。

2. 主要原因

瓦斯管理混乱，有章不循，措施不落实。停风 40 h 没有打上密闭，也没有安排排放瓦斯，就擅自恢复通风。瓦斯报表制度执行不严，12 日 12 时 2191 切眼停风后瓦斯浓度达到 2%，12 时 30 分辅助轨道上山瓦斯浓度达到 4.1%，瓦检员和通风区负责人都没有向有关领导和调度室汇报，只写在通风区记录本上。13 日中班对这两条上山又没有检查瓦斯，12 日的瓦斯报表到事故后的 14 日 5 时还没有按规定报给有关领导签阅，而且报表数据常常不实，致使领导思想麻痹。

知识与技能

切眼和开切眼

切眼在煤矿中是指连接采煤工作面进、回风巷的巷道，采煤工作面的所有设备均布置在该空间内。开切眼就是指这段巷道的施工。采煤工作面大面积冒顶、留设保护煤柱、遇有大型地质构造，采用其他方法均不能安全通过时，必须采用另开切眼的方式通过。

冒顶事故发生的原因

冒顶事故发生的原因很多，其根本原因在于开采过程中矿山压力的活动所造成。顶板在压力变化过程中发生不同程度的变形，先是沿着顶板节理出现裂隙，产生离层现象。此时，如果顶板管理不当，支护质量不好，压力继续增大，岩石变形超过弹性变形极限，就会出现断裂、垮落、片帮或局部冒顶。从发生冒顶事故的原因分析，有的属于对客观事物的认识不足，而较多的则是现场管理不善所造成。具体分析如下：

（1）麻痹大意是发生冒顶事故的思想根源。

（2）地质构造复杂是发生事故的重要因素。

（3）违章作业是引起冒顶的直接原因。

（4）不按正规循环作业会引起冒顶。

采煤工作面顶板事故防治

1. 老顶来压时压垮型冒顶预防措施

（1）合理设计采煤工作面支护，使支护具有足够的支撑力和可缩量，当老顶来压比较强烈时，要选用可缩量较大的支柱，有时要选用具有大流量安全阀的支柱，并加强后排支柱的支撑强度。

（2）要进行顶板断层情况的预测预报。遇到平行于工作面的断层时，当断层刚露出煤壁，就要加强该段工作面的支护，并扩大该段工作面的控顶距；如果工作面用的是金属支柱，还要用木支柱替换金属支柱。

2. 厚煤层难垮顶板大面积冒顶预防措施

（1）采用煤柱支撑法（即刀柱采煤法）时，如果煤柱上方顶板需悬露大面积才垮落，则应在刀柱之间的采空区内用钻孔爆破法强制放顶。

（2）采用长壁法采煤时，超前工作面用钻孔爆破法、高压注水法预先松动或弱化顶板，或在采空区用循环浅孔及步距式深孔法崩落顶板。

3. 直接顶导致的压垮型冒顶预防措施

（1）采煤工作面支护强度要能自始至终平衡直接顶或垮落带岩层的质量，底软时必须“穿鞋”，力求以支柱的支撑力就能平衡直接顶或垮落带的岩重，以避免直接顶或垮落带离层。

（2）开采下分层时不要留煤皮，以免增加支架的载荷。如因条件限制非留煤皮不可，要相应增加支柱的初撑力或支柱密度。

（3）在构造或采动破坏严重的区域，除应缩小控顶距及加强放顶支柱的初撑强度外，应采用绞车远距离回柱。

4. 大面积漏垮型冒顶预防措施

（1）选用合适的支护，使工作面支护有足够的支撑力和可缩量。

（2）顶板必须背严接实。

（3）严防放炮、移输送机等工序推倒支架，防止出现局部冒顶。

5. 局部漏冒型冒顶预防措施

（1）对每一工作面进行实地观测，根据统计规律分析影响端面顶板冒落稳定性指标，对支护质量与顶板进行动态监测，使顶板在形成冒顶事故前消除其隐患。

（2）采用能及时支护悬露顶板并能减少端面距的支架；要使支架处于良好的工作状态，尤其应避免顶梁过分抬头或低头；提高第一排支柱的初撑力，以减小直接顶的下沉量。

（3）炮采时，炮眼布置及装药量应合理，尽量避免崩倒支架。

（4）尽量使工作面与煤层的主节理方向垂直或斜交，避免煤壁片帮，一旦片帮应超前支护。

（5）尽可能保证工作面具有较快的推进速度。

（6）机头机尾应各采用四对八梁支护；巷道与工作面出口相接的一侧要架设一对长钢梁抬棚，托住原巷道支架的梁头；距工作面煤壁 20 m 范围内的巷道要超前进行处理。

（7）在工作面的地质破坏带要特别加强支护。

（8）放顶线要支设墩柱。

（9）分段回柱回拆最后两根支柱时，如果工作面用的是摩擦支柱，可以在这些柱子的上下各支一根木支柱作为替柱，然后回拆摩擦支柱，最后用绞车回木替柱；采用单体液压支柱的工作面，工人也可以在有支护的工作空间，用带链条的工具来卸载，并用机械远距离拉柱；如果工作面用的是木支柱，则可以直接用绞车回柱。

顶板冒落空洞积聚瓦斯的处理

在巷道或回采工作面发生冒顶，其顶部形成空硐（冒高）时，由于冒顶处通风不良，往往积存着高浓度的瓦斯。对该处积聚瓦斯的处理方法，一般有两种。

（1）充填空硐法。先在冒高处的棚上铺上木板或荆篱，然后再用黄土将冒落空硐填满，或用注浆泵将聚氨酯搅拌后注入空硐内，发泡膨胀，填满空硐。这样，可以消除瓦斯积聚的空间，免于瓦斯积存。通常，在冒顶面积不大的情况下使用。

（2）风流吹散法。①风流吹散法处理积聚瓦斯，是普遍采用的措施。在冒高小于 2 m、体积不超过 6 m^3、巷道风速大于 0.5 m/s 条件下，可采用风障导风法，风障的材料可用木板、帆布或风筒布等制作。②在冒高大于 2 m，冒高体积超过 6 m^3，巷道风速低于 0.5 m/s，同时又有局部通风机送风的地点，可采用分支风筒导风法，将主导风筒上引出分支小风筒，利用风机送至冒顶处，吹散积聚的瓦斯。

案例精选

巷道未及时维修导致冒顶事故

某年 11 月 20 日，某煤矿曾某发现事故地点有一处木支柱断裂，向负责该处作业的毛某、吴某等作业人员交代：先维修巷道后再进行掘进作业。毛、吴二人进入工作面后没有按要求进行维修而是直接进行采煤作业。曾某进入煤掘工作面内查看时，发现距离煤斗约 60 m 的地方顶板塌方，巷道全部堵塞，但未发现二人，估计被困在煤掘面当头。

曾某立即返回运输巷通知其他作业地点的职工等四人去救人，同时打电话到矿调度室报告情况。抢救约 90 min，塌方巷道被清通，随即送风进去抢救人员，发现二人躺在巷道中，经医生诊断二人已死亡。

事故分析

(1) 现场安全管理不力。18 日安全员发现事故地点存在未抬棚的情况，没有及时督促作业人员整改，20 日发现存在断柱只是交代进行维修，未跟踪落实整改情况。

(2) 安全管理人员配备不足。虽配备了多名安全生产管理人员，但事实上存在一人多职的现象，如安全员、通风员、瓦检员由同一人兼任。

(3) 隐患排查不力。隐患排查以安全生产管理人员日常安全检查替代，没有有效组织矿各部门进行安全大检查，没有对检查出来的安全隐患认真落实整改责任人。

(4) 制度不健全。煤矿没有严格执行入井检身制度和出入井人员清点制度。下井人员未随身携带自救器。

(5) 安全生产管理人员思想麻痹。认为低瓦斯矿井不存在重大瓦斯隐患，对工作面存在循环风、空气质量不好、局扇违规串联等现象不以为然，对职工违规生产、作业等现象制止不力。

(6) 职工培训不到位。新入矿工人没有按规定进行培训，以班前会、交班会等形式代替培训，没有组织作业人员认真学习作业规程，作业人员安全意识不强，自保意识差。

知识与技能

巷道维修管理措施

(1) 为确保大型矿井煤炭产量的持久，必须设置多个采区。为做到及时排查巷道失修状况，将各个采区划分成片，每片设置一名管理人员负责本片范围内的巷道勘查及维修任务安排、工程竣工验收、安全质量把关等。包片管理人员对所管辖采区所有巷道必须保证每两天全部排查一遍，将排查情况做好记录。

(2) 包片管理人员在区务会上向区长汇报所管辖采区内巷道失修状况，区长根据各采区的生产情况，巷道失修程度等因素，平衡各采区维修任务的实施，并由包片人员将工作任务安排在工作台账上。值班管理人员负责对所安排工作任务、工作量、人员配置进行审核，并安排施工人员进行实施。

(3) 各班班长根据不同类型的工作任务，安排相应的施工小组按要求进行施工，班后到区队汇报工作进展情况，并按工作任务完成情况填写记录单。

(4) 在区务碰头会上，由值班人员通报各采区工作任务进展情况、存在的问题，包片管理人员根据汇报情况，再到所管辖采区内对前日安排工作任务的完成情况进行验收，并重复巷道排查工作。在下午区务会上向区长汇报工作任务进展、验收及排查情况，参加由值班管理人员组织的对前日各班施工工作量记录单的审核工作，对施工工作量、工程质量、用料数目、现场卫生面貌、交接班情况等进行统一审核，凡存在问题的施工班组，一律给予扣分、通报，并根据施工进展情况安排相关班次的施工人员进行整改，在工作台账上再安排明日工作，并重复上一循环工作。

巷道冒顶事故防治

（1）掌握地质资料与开采条件。通过地质钻孔、岩层柱状图等多种途径，摸清地质构造及顶板结构、岩性变化、水文地质情况；在地质图上标明地质构造、裂隙发育带的位置、产状、层厚等；弄清与采煤工作面相对空间位置与时间的关系，分析受采动的程度等。

（2）严格顶板安全检查制度。巷道掘进施工的全过程要严格执行《煤矿安全规程》，坚持进行敲帮问顶，发现活矸和伞檐要及时处理。

（3）加强支护质量管理。选择合理的支护技术，严格按操作规程施工，是防治冒顶事故的主要措施。

1）检查支架规格尺寸。支架的架型、形状、尺寸、结构件搭接等是否符合设计要求；支架间距、支架间连接是否符合作业规程要求。

2）提高支护质量和保证支护阻力。所有支架必须架设牢固，并有防倒措施。要严格防止支架支设在浮矸上，不见实底不能架设。使用摩擦式金属支柱时，必须使用液压升柱器架设，初撑力不得小于 50 kN。

3）单体液压支柱的初撑力，柱径为 100 mm 不得小于 90 kN，柱径为 80 mm 不得小于 60 kN。

4）搞好支架与围岩间的充填。支架与围岩间的空间必须及时填严背实，改善支架承载状态，提高其支撑能力，减少围岩变形，提高围岩的稳定性。

5）提高支架的稳定性。在放炮前应加固迎头支架，使靠近迎头 10 m 内支架之间的连接杆连锁稳固，防止放炮崩倒；对围岩裂隙发育较成熟或较松软的地段、受采动影响强烈的地区或掘进倾斜巷道，应在支架间用连接杆连锁稳固，预防冒顶或片帮范围扩大。

6）及时支护。根据作业循环和围岩条件，尽可能及时支护，缩小空顶作业面积与延续时间。

（4）进行临时支护。巷道顶板事故大都是在空顶作业的情况下发生的，因此，对掘进迎头新悬露的顶板，应采用及时或超前支护的临时支架，以保证作业安全。

案例精选

发生冒顶事故时矿工现场急救措施不当导致伤亡事故

某煤矿证照齐全。某年 6 月 18 日 22 时 50 分，该矿 −850 m 东总回西段巷道，发生一起冒顶事故。当时工人黄某在观察巷道时，不慎被风吹落矿帽，在捡矿帽的过程中，被掉下的矸石压住。而工人李某发现并将黄某救出后没有进行现场急救，致使黄某死亡。

事故分析

（1）区队安全思想教育不到位，职工自我保安意识差，未按规定佩戴和使用劳动防护用品。职工缺乏现场急救知识，遇到伤亡事故时不会现场急救，导致黄某死亡。

（2）事故地段巷道支护质量差，失修严重，巷道断面小，风速超限。

（3）区队干部跟班和请假制度不落实，现场管理混乱。

法规标准

《安全生产法》中关于生产经营单位对职工培训有关规定

《安全生产法》第二十条：“生产经营单位的主要负责人和安全生产管理人员必须具备与本单位所从事的生产经营活动相应的安全生产知识和管理能力。

危险物品的生产、经营、储存单位以及矿山、建筑施工单位的主要负责人和安全生产管理人员，应当由有关主管部门对其安全生产知识和管理能力考核合格后方可任职。考核不得收费。”

第二十一条：“生产经营单位应当对从业人员进行安全生产教育和培训，保证从业人员具备必要的安全生产知识，熟悉有关的安全生产规章制度和安全操作规程，掌握本岗位的安全操作技能。未经安全生产教育和培训合格的从业人员，不得上岗作业。”

第三十八条：“生产经营单位的安全生产管理人员应当

根据本单位的生产经营特点，对安全生产状况进行经常性检查；对检查中发现的安全问题，应当立即处理；不能处理的，应当及时报告本单位有关负责人。检查及处理情况应当记录在案。”

知识与技能

顶板事故性质

顶板包括直接顶、伪顶、老顶，是指煤层上部的岩层，并不是支护的横梁。

顶板事故是指在井下采煤过程中，顶板意外冒落造成的人员伤亡、设备损坏、生产中止等事故。

在实现综合机械化采煤以前，顶板事故在煤矿事故中占有极高的比例。随着支护设备的改进及对顶板事故的研究、预防技术的提高和逐步完善，顶板事故所占的比例有所下降，但仍然是煤矿生产中的主要灾害之一。

冒顶事故时的自救与互救及现场急救

1. 采面冒顶时的避灾自救措施

（1）迅速撤退到安全地点。当发现工作地点有即将发生冒顶的征兆，而当时又难以采取措施防止采面顶板冒落时，最好的避灾措施是迅速离开危险区，撤退到安全地点。

（2）遇险时要靠煤帮贴身站立或到木垛处避灾。从采面发生冒顶的实际情况来看，顶板沿煤壁冒落是很少见的。因此，当发生冒顶来不及撤退到安全地点时，遇险者应靠煤帮贴身站立避灾，但要注意煤壁片帮伤人。另外，冒顶时可能将支柱压断或推倒，但在一般情况下不可能压垮或推倒质量合格的木垛。因此，如遇险者所在位置靠近木垛时，可撤至木垛处避灾。

(3) 遇险后立即发出呼救信号。冒顶对人员的伤害主要是砸伤、掩埋或隔堵。冒落基本稳定后，遇险者应立即采用呼叫、敲打（如敲打物料、岩块可能造成新的冒落时，则不能敲打，只能呼叫）等方法，发出有规律、不间断的呼救信号，以便救护人员和撤出人员了解灾情，组织力量进行抢救。

(4) 遇险人员要积极配合外部的营救工作。冒顶后被煤矸、物料等埋压的人员，不要惊慌失措，在条件不允许时切忌采用猛烈挣扎的办法脱险，以防造成事故扩大。被冒顶隔堵的人员，应在遇险地点有组织地维护好自身安全，构筑脱险通道，配合外部的营救工作，为提前脱险创造良好条件。

2. 营救被冒顶埋压遇险人员的措施

(1) 保障营救人员的自身安全。营救工作要在灾区中的领导和有经验老工人的指挥下进行。营救人员要检查冒顶地点附近的支架情况，发现有拆损、歪扭、变形的柱子，要立即处理好，以保障营救人员的自身安全，并要设置畅通、安全的退路。

(2) 因地制宜地对冒顶处进行支护。要根据顶板垮落的情况，在保证抢救人员安全和抢救方便的前提下，因地制宜地对冒顶处进行支护。在采面局部冒顶埋压人员时，可用掏梁窝、悬挂金属顶梁，或掏梁窝、架单眼棚等方法进行处理。

（3）营救埋压人员。在检查架设的支架牢固可靠后，要指派专人观察顶板，才能清理被埋压人员附近的冒落煤矸等，直到把遇险矿工从埋压处营救出来。在营救过程中，可用长木棍向遇险者送饮料和食物。在清理冒落煤矸时，要小心地使用工具，以免伤害遇险人员。如果遇险矿工被大块矸石压住，应采用液压起重气垫、液压起重器或千斤顶等工具把大块岩石顶起，将人迅速救出。

3. 独头巷道迎头冒顶被堵人员避灾自救措施

（1）遇险人员要正视已发生的灾害，切忌惊慌失措，坚信矿领导和同志们一定会积极进行抢救。应迅速组织起来，主动听从灾区中班组长和有经验老工人的指挥，团结协作，尽量减少体力和隔堵区的氧气消耗，有计划地使用饮水、食物和矿灯等，做好较长时间避灾的准备。

（2）如人员被困地点有电话，应立即用电话汇报灾情、遇险人员数和计划采取的避灾自救措施。否则，应采用敲击钢轨、管道和岩石等方法，发出有规律的呼救信号。并每隔一定时间敲击一次，不间断地发出信号，以便营救人员了解灾情，组织力量进行抢救。

（3）维护和加固冒落地点和人员躲避处的支架，并经常派人检查，以防止冒顶进一步扩大，保障被堵人员避灾时的安全。

（4）如人员被困地点有压风管，应打开压风管给被困人员输送新鲜空气，并稀释被隔堵空间的瓦斯含量，但要注意保暖。

案例精选

开采断层保护煤柱导致局部冒顶事故

某年5月21日，某煤矿矿部开会研究决定，在东六平巷170 m处离断层1.5 m打一东六采面的上安全出口。5月25日开始施工，早班开三门，由技术员郭某口头向班长景某和跟班安全员张某作了详细交代：巷道宽度为3 m，中间打一排点柱，间距1 m，留出1.5 m的断层保护煤柱。早班共掘进4 m，打了3个点柱。二班接班后，按照技术员的要求，继续掘进。两遍炮之后，安全出口与下部采面打透，安全员梁某和支柱工王某整理好两根被打倒的柱子，同时又在两侧各加打一根柱子，并安排其他作业人员清理好浮煤后搬家，随后便去采面回柱子。现场作业人员本应清理好浮煤后搬家，由于职工是按照出煤多少计算工资，因此又放炮采了1.5 m的断层保护煤柱，于25日20时20分造成长5.5 m、宽4.5 m、高0.15 m厚的冒顶，将8人埋住，经抢救，3人脱险，1人重伤，4人死亡。

事故分析

（1）职工安全素质差，违章冒险蛮干，将1.5 m的断层保护煤柱采掉，是造成事故的直接原因。

（2）企业安全管理不善，领导重生产、轻安全，工作作风不扎实，没有把矿井的安全管理纳入正式的日程，是造成事故的主要原因。

（3）施工前没有及时写作业规程，开安全出口时，也没有补充措施，只口头传达，且开口位置离断层只有 1.5 m，是造成事故的重要原因。

知识与技能

影响保护煤柱尺寸留设的因素

（1）上覆岩层岩性。上覆岩层的力学性质是影响留设保护煤柱宽度的主要因素。不同矿区上覆岩层的力学性质不同，保护相同面积的地表建（构）筑物所需留设的保护煤柱宽度也不相同。煤层顶底、板岩性不仅影响煤柱的应力状态和环境，而且对煤柱的强度也有影响。一般说来，上覆岩层为硬岩层时较软岩层所需留设的保护煤柱宽度小。

（2）煤柱强度。煤柱强度不仅与煤柱的力学性质、煤柱内的弱面、顶底板岩性和煤柱侧向应力等因素有关，而且与煤柱的长度、宽度和高度等因素有密切关系。

（3）开采深度。实测资料表明，在相同的地质采矿条件下，地表移动和变形值与采深成反比。采深越大，地表变形减小，与临界变形值相应的点相对地向盆地中央偏移，当达到一定的深度时，引起的地表变形小于建（构）筑物的临界变形值，对其不会造成有害影响。

（4）采高。采高对上覆岩层及地表移动过程的性质有重要的影响，采高越大，地表移动和变形值也越大，移动过程剧烈，移动范围增大，则保护煤柱宽度就越大。

（5）煤层倾角。煤层倾角不同，上覆岩层移动形式、破坏发展过程、破坏影响分布状态等特征也不同，煤层倾角影响到保护煤柱的受力状态和应力集中程度。随着煤层倾角的增大，地表移动盆地向采区下山方向扩展，所需留设的保护煤柱宽度相应增大。

采场局部冒顶的原因、预兆及防治

1. 采取局部冒顶的原因

采场局部冒顶常发生在上下出口、煤壁线、放顶线、地质构造处及采煤机附近。其原因主要有：

（1）采空区顶板支撑不好，悬顶面积过大。

（2）顶板中存在断层、裂隙、层理等地质构造，将顶板切割成不连续的岩块，回柱后岩块失稳，推倒支柱造成冒顶。

（3）回柱操作顺序不合理。

（4）工作面支护质量不好，支护密度不够、初撑力低、迎山角不合理等。

（5）在遇见未预见的地质构造时，没及时采取措施。

（6）工作面上、下出口连接风巷和运输巷，控顶面积大。两巷掘进时经受压力重新分布的影响，同时，由于巷道初撑力一般较小，使直接顶下沉、松动甚至破坏；特别是在工作面超前支撑压力作用下，顶板大量下沉，又在移动设备时反复支撑顶板，结果造成顶板更加破碎。如果又有老顶来压影响，工作面上、下出口更易冒落。

（7）煤壁线附近易形成“人字”“锅底”“升斗”等劈理，有游离岩块、易冒落。

2. 采场局部冒顶的预兆

（1）发出响声。岩层下沉断裂，顶板压力急剧增大时，木支架有劈裂声；金属支柱活柱下缩，支柱钻底严重，都可能发出响声。

（2）掉渣。

（3）煤体压酥，片帮煤增多。

（4）顶板裂隙增多，裂缝变大。

（5）顶板出现离层。

（6）漏顶。

（7）瓦斯涌出量突然增大。

（8）顶板淋水明显增加。

3. 采场局部冒顶的主要预防措施

（1）防止煤壁附近冒顶，应及时支护悬露顶板，加强敲帮问顶。

（2）炮采时合理布置炮眼，控制药量，避免崩倒支架。

（3）防止两出口冒顶，支架必须有足够强度，系统应具有一定的阻力，防止老顶来压时推倒支架。

（4）防止放顶线附近局部冒顶，要加强地质及观察工作，在大块岩石范围内加强支护，必要时用木支架代替单体金属支架。

（5）随时注意地质构造的变化，并采取相应措施。

案例精选

把钩工、信号工违反煤矿安全规程导致罐笼坠井事故

某年2月7日，某公司某矿7名工人乘坐风井主罐准备升井下班时，地面操作工用调度绞车往井口副罐推入5 t电机车时，未按安全规程稳固电机车就通知井口传点起钩。同

时，井口信号工未按规定让电机车退出罐笼，即向绞车房传递了起钩信号。随后，当班主、副车司机也没能监控到井口违章下放电机车，启动了绞车。当副罐下行 15 m 左右，电机车从罐北端滑出坠向井底，大约在距井口 600 m 处撞断西南角稳绳后改变方向，在距井底 21 m 左右砸在上行主罐上，致使主罐坠入井底，罐内 7 人全部遇难。

事故分析

事故发生后，矿务局、煤矿安全监察办事处会同当地有关部门迅速查明，这是一起明显违反煤矿安全规程的重大责任事故。事故直接责任人，把钩工蔡某未按规定稳固电机车，未能制止人、物混提的违章行为，事故发生后又畏罪潜逃；另一直接责任人，井口信号工王某，在明知井下主罐已乘人并已传递提升信号的情况下，没有制止主、副罐人和物混提，是导致事故发生的直接原因。

事故调查还发现，该矿日常忽视安全管理工作，人员安全意识淡薄，安全技术素质差，发生事故的综合五队安全管理混乱，当班领导在下放电机车时也未按规定在现场指挥。

知识与技能

把钩工操作规程

(1) 交接班：

1) 把钩人员要按时交接班。

2) 交接班时要共同检查钩头大绳 30 m，道岔情况是否好使、安全可靠，如发现问题要及时汇报，处理好后方能开展工作。

(2) 工作中注意事项：

1) 把钩工要明确矿山信号规定，在工作中发出信号要清楚、准确。

2) 起车时要逐个检查矿车销子，发现异常现象，要及时停钩处理。

(3) 挂车时要经常检查大绳、钩头、矿车连接部位是否安全可靠。

(4) 损坏的矿车要及时倒出，严禁入井。

(5) 开钩前要详细检查所挂车数，对每个联结装置要细心检查两遍，无问题后方准打点开钩。

(6) 起车时，要注意大绳和钩头是否刮在护轮及其他障碍物上，如发现上述问题要及时停钩处理。

(7) 井上发出信号后，把钩人员要目接目送，并在安全地方瞭望，防止意外。

(8) 摘挂钩时要注意手脚位置，防止挤压伤。

(9) 井上甩车场一律禁止吊车，在特殊情况下，需要吊车时，必须把道岔定位甩车场，尾车必须通过道岔。

(10) 在提放叉、平车时，必须挂在矿车的尾部，叉、平车的尾部不许挂任何车辆。

(11) 提放材料及大件时，要详细检查是否捆扎结实，超高超宽，如发现问题应停止作业，及时通知有关人员处理好后方准作业。

(12) 当绞车中途停车时，距停车点较近的把钩人员与调度取得联系，查清原因。必须检查串车、钩头大绳连接情况，确认无误后向调度汇报，经允许后，方可开钩作业。

(13) 当大环顶住矿车碰头时，禁止用手搬或脚蹬，防止挤伤。

(14) 矿车脱轨复救时，要用垫铁方法，垫铁长度为750 mm。

在曲线处理落道车时，工作面人员严禁在曲线内侧作业。

(15) 发现跑车事故要及时发出事故信号，同时要拉放保险闸绳。

(16) 起车时先打慢点，一切正常后方准打快点运行，接车时要及时打慢点。

信号工安全操作规程

(1) 提升系统声光信号分别为：

声信号——一长声停止、二短声上行、三短声下行。

光信号——红灯亮罐停止、红灯灭罐运行。

(2) 信号工必须持证上岗操作，其他无证人员不准进行信号作业。

(3) 班前应先检查信号装置有无故障，发现问题及时汇报，处理好后才能操作。

(4) 班中信号出现故障不得自行修理或带故障操作。

(5) 认真执行乘罐制度，严禁超员、超载现象发生。

(6) 罐在停止时必须同时发出停罐提示信号。

(7) 发出信号前，必须明确任务内容，任务不明不能发出信号。

(8) 明确任务后，按任务内容分别发出人、料、矿、空的提示信号。

(9) 根据提升任务内容发出本次罐笼运行中段的指示信号。

(10) 确认罐门、安全门闭合后，方可发出提升或下降的铃声信号。

(11) 发出铃声信号之后，立即发出准行信号。

(12) 准行信号发出 15 s 以上，若卷扬工没有开始提升操作，必须发出停罐信号终止本次作业，和卷扬工电话沟通后重新发出信号作业。

(13) 大型或贵重设备、爆破器材等物料，必须先和卷扬工电话沟通后，方可进行信号作业。

(14) 罐运行期间发现异常情况，应当立即发出停罐信号。

(15) 罐运行期间发生危急情况，可以启动紧急停车装置。

案例精选

运输开关失效导致断绳跑车事故

某矿主绞车，系 2JK-2/20 型提升机，电动机串电阻减速方式，液压盘形闸制动。绞车道长度 600 m，坡度 20°。绞车道上部距正常停车位置 0.5 m 处安装有防止过卷的开关，此开关距天轮 45 m，坡度 5°，在深度指示器上还装有一套防止过卷的开关、减速警铃及 2 m/s 的限速保护装置。

正常提升是将下车场的煤车经绞车道拉到上车场，同时把上车场的空车下放到下车场。每钩正常提升载质量 1 t 的矿车 8 辆，绞车所用提升钢丝绳为 6×7+1—26 的绳。更新时间不到 2 个月，断绳部位在断绳前已查出在一个捻距内断 2 根丝，其断丝数未超过《煤矿安全规程》规定，并对该绳进行检测，也证实了该提升钢丝绳合格。

零点班，主绞的主、副司机到达绞车房，因车房温度较高（未超过《煤矿安全规程》规定），主司机将脚上的高筒胶鞋脱掉，主司机开车，副司机在电阻室睡觉。副司机睡醒后，约凌晨 4 时前来替换主司机。主司机看到副司机后，迫不及待地穿胶鞋准备去睡觉。就在穿胶鞋的过程中，主司机猛见深度指示器提示矿车已过正常停车位置，就用脚踩动了操作台下的脚踏紧急制动开关，实现了安全制动。紧接着就听到了矿车的撞击声，并发现提升钢丝绳回弹、松弛、断开。

跑车前，绞车道上部在躲避硐里的信号工已将道岔拨到上车场，摘挂钩工已提前从躲避硐里出来进入上车场摘挂钩位置（低弯道处），准备摘挂钩。但摘挂钩工等到的是飞奔而来的跑车，8 辆矿车横七竖八翻倒在上车场，将其撞压致死，直接经济损失达 50 多万元。

事故分析

（1）减速开关失效。速度给定装置在减速段不减小，限速凸轮板固定螺钉松动后移位，压不到自整角机。造成全速过卷后，减速段过速保护磁继电器 GSJ1 常开接点仍闭合，未断开安全回路。

(2) 绞车道上部躲避硐处的信号工未及时打停车信号，未起到提醒警示司机停车的作用。

(3) 机械牌坊式深度指示器顶部的防止过卷开关与绞车道上部距正常停车位置 0.5 m 处轨枕上的防止过卷开关失灵，矿车过卷后，未切断绞车主电动机的电源。绞车制动减速度太大，致使发生了松绳冲击，造成了断绳跑车。

(4) 主司机操作绞车时，做与绞车操作无关的事情（穿胶鞋），精力不集中，思想麻痹大意，未及时减速、及时停车，致使造成全速过卷事故。副司机违章睡觉，没有对绞车的各种安全保护装置进行检查试验，没有及时提醒主司机减速和停车。没有及时阻止主司机停止穿胶鞋，失去了副司机监护的作用。

(5) 摘挂钩工在矿车未甩入上车场前，违章从绞车道上车场低弯道旁边的躲避硐里提前出来进入上车场摘挂钩地点，导致其伤亡。

(6) 低弯道处道碴太多，道碴已与轨道面平齐，甚至局部浮煤已高出轨道顶面 100 mm，造成跑车到达此处掉道，横七竖八翻倒，将摘挂钩工撞击致死。

知识与技能

斜巷运输信号

(1) 斜巷运输信号要求：满足提升信号基本要求。

(2) 斜巷串车提升信号要求：

1）开车信号应有灯光保留。

2）停车信号为直发瞬动信号，可兼作事故信号。

3）在各甩车场安排甩出时，都有发出警号的声光信号装置。

4）斜巷开口及中间必须悬挂“行车不行人、行人不行车”的灯光信号标志。

5）串车提升的车场必须设有信号硐室和躲避硐室。

6）停止提升 6 h 以上或事故检修后，提升前必须对所有信号装置、通信设备进行检查试验。

（3）猴车运输人员有关要求

1）巷道倾角不得超过设计的数值。

2）凳座中心至巷道一侧的距离不得小于 0.7 m，运行速度不得超过 1.2 m/s，乘坐间距不得小于 5 m。

3）驱动装置必须有制动器。

4）吊杆与牵引钢丝绳之间的连接不得自动脱扣。

5）在下人的地点前方，必须有自动停车的安全装置。

6）严禁运送携带爆炸物品的人员。

7）每日必须对整个装置检查一次，发现问题及时处理。

案例精选

违章跨越刮板输送机导致受伤事故

某年 8 月 15 日，某煤矿综采队某工作面夜班，工作面正常生产，采煤机在机头向机尾行驶，端头支护工张某从工作面轨中巷到工作面找高压管子，因刮板输送机距机尾间隙较小，张某直接从刮板输送机上跨越，就在张某把脚踏在输送机上时，他没有注意到机尾的刮板已经出槽，随即被出槽的刮板刮倒，接着被带着向机头走。支架操作工钱某及时向煤机司机发出停机信号，待张某被救出时已经奄奄一息。跟班副队长迅速组织人员抢救，经送医院抢救，虽然张某保住了一条命，却造成下肢截瘫的重伤事故。

事故分析

（1）支护工张某，违章在刮板输送机运行时直接跨越输送机，是造成此起事故的直接原因。

（2）综采队在工作面机尾侧没有按照规程要求在机尾设置人行过桥，致使张某在跨越刮板输送机时被刮倒，负有管理的责任，也是此起事故的主要责任。

知识与技能

刮板输送机操作规程

（1）刮板输送机运转前的检查：

1）机头、机尾处的支护完整牢固；

2）机头、机尾附近 10 m 以内无杂物、浮煤、浮渣，洒水设施齐全无损；

3）机头、机尾的电气设备处如有淋水，必须妥善遮盖，防止受潮接地；

4）本台刮板输送机与相接的刮板输送机、转载机、带式输送机的搭接必须符合规定，无拉回头煤；

5）机头、机尾的锚固装置牢固可靠；

6）各部轴承、减速器和液力偶合器中的油（液）量符合规定，无漏油（液），易熔合金塞应正常良好；

7）防爆电气设备完好无损，电缆悬挂整齐；

8）各部螺栓紧固，联轴器间隙合理，防护装置齐全无损；

9）牵引链无磨损或断裂，调整牵引链及传动链，使其松紧适宜；

10）信号联络系统应灵敏、清晰、可靠；

11）转载点灭尘设施效果应达到要求。

（2）运行应做到以下几点：

1）试运转。首先发出运转信号，先点动两次，然后再正式正常起动，刮板链运转半周后停机，检查已翻转到溜槽上的刮板链，同时检查牵引链紧松程度，是否有跳动、刮底、跑偏、漂链等现象，空载运转无问题后，再加负载试运转。

2）试运转中发现问题应与班长、电钳工共同处理，处理问题时先发出停机信号，将控制开关的手把扳到断电位置并锁好，然后挂上停电牌。

3）正式运转。发出开机信号，等前台刮板输送机开动运转后，点动两次，再正式开动，然后打开洒水开关。

4）设备运转中，司机要随时注意电动机、减速器等各部运转声音是否正常，是否有剧烈振动，电动机、轴承是否发热（电动机温度不应超过 80℃，轴承温度不得超过 70℃），机头链轮有无卡、跳链现象，溜槽内有无过大煤矸、过长物料和火工品等，发现异常立即停机处理；回采工作面刮板机必须保持平直，不得过度弯曲，拉溜前应把机头机尾的浮煤清理干净，防止机头机尾翘起，溜槽最大弯曲率半径不超过厂家规定。

5）一般情况下刮板机不得重负荷停机，必须将刮板机上的煤运空方可停机，停机时应先停回采工作面运输机，再停转载机。

6）刮板机超负荷启动困难时，不得反复倒转启动，应查明原因并处理。

（3）发现下列情况应停机，妥善处理后方可继续作业：

1）超负荷运转，发生闷机时。

2）刮板链出槽、漂链、掉链、跳齿时。

3）电气、机械部件温度超限或运转声音不正常时。

4）液力偶合器的易熔塞熔化或其油（液）喷出时。

5）发现大木料、金属支柱、大块煤矸等异物快到机头时。

6）运输巷转载机或下台刮板输送机停止时。

7）信号不明或发现有人在刮板输送机上时。

8）回采工作面片帮冒顶，输送机内有过大煤矸，过长的物料时。

9）其他意外事故。

（4）检查、检修设备时应注意的事项：

1）刮板输送机运行时，不准人员从机头上部跨越，不准清理转动部位的煤粉或用手调整刮板链。

2）拆卸液力偶合器的注油（液）塞、易熔塞、防爆塞时，脸部应躲开喷油（液）方向，戴手套拧松几扣，停一段时间和放气后再慢慢拧下。禁止使用不合格的易熔塞、防爆塞。

3）检修、处理刮板输送机故障时，必须闭锁控制开关，挂上停电牌。

4）进行接链、点动时，人员必须躲离链条受力方向；正常运行时，司机不准面向刮板输送机运行方向，以免断链伤人。

5）检查齿轮箱等部件时，必须先清净盖板周围的一切杂物和煤矸，防止煤矸及其他杂物进入箱体。

6）检查机械时手不要放在齿轮和容易转动的部位。

7）检查后必须保证松动的螺栓紧固齐全可靠，并认真清理现场和工具，无误后方可试运转，运转中先空载试运转，无异常情况时再重载试运转。

（5）收尾工作：

1）班长发出收工命令后，将刮板输送机内的煤全部运出，清扫机头、机尾附近的浮煤后，方可停机，然后关闭洒水开关，并向下台刮板输送机发出停机信号。

2）将控制开关手把扳到断电位置，并拧紧闭锁螺栓。

3）清扫机头、机尾各机械、电气设备上的粉尘。

4）在现场向接班司机详细交代本班设备运转情况、出现的故障、存在的问题，升井后按规定填写本班刮板输送机工作日志。